海南森林野菜图谱

ATALS OF FOREST WILD VEGETABLES IN HAINAN

编写人员名单

（按姓氏拼音排序）

陈侯鑫　陈　琳　陈毅青　杜丽敏

苟志辉　郭　霞　黄川腾　黄丹�

前言

PREFACE

随着科学技术不断发展，可食用的植物得到进一步确证；随着人类生活水平不断提高，各种栽培蔬菜已经不能满足人们的需求，于是，人类把眼光投向大自然中可食用的各种绿色植物。一方面，人类通过进一步驯化野菜，为稳定的蔬菜资源提供保障；另一方面，为外出、旅游、访亲探友的人员提供“野味”。因此，野菜将会是人们获得绿色蔬菜的一条途径，也是满足人们不同口味的一种选择。

由于市面上可选择的野菜种类和数量有限，特别是受季节限制，栽培蔬菜年复一年，已经没有新意。而野菜种类成百上千，种类繁多，不同季节有许许多多不同的品种，这为人们提供了众多选择，因而具有广阔的市场。海南地处热带和亚热带地区，年均气温在25℃左右，非常适合野菜的生长繁殖。海南森林覆盖率在62%以上，部分县市森林覆盖率在86%以上，林下孕育了许多野菜，然而这些野菜很少被开发利用。

为了充分合理利用林下资源，本书收集整理了62科145种海南森林野菜，165张野菜彩图。并对每种野菜的拉丁学名、别名、分布、采摘时间、形态特征、药用价值、营养价值、食用部位及食用方法进行了一一介绍。目的是让广大读者以及野菜爱好者能够鉴别，方便采摘，准确食用。

本书主要由钱军、杨众养编写，其他人员参与了本书资料收集、图片拍摄、文字校对等工作，在此表示衷心感谢。

本书的出版得到海南省科学事业费项目“海南森林蔬菜人工筛选与栽培技术研究”（12-20409-0009）、中央财政林业科技推广示范资金项目“海南森林蔬菜育苗与林下栽培示范”（琼[2016]TG 01号），以及海南省重点实验室和工程技术研究中心建设专项“海南省热带林业工程技术研究中心”等项目的资助。

由于编者水平有限，书中难免有不足之处，恳请读者批评指正。

编者

2018年2月

ATALS OF FOREST WILD VEGETABLES IN HAINAN

海南森林野菜图谱

目录 CONTENTS

野　蕉

Musa balbisiana Colla

别　　名 | 野芭蕉

分　　布 | 海南、广西、广东、福建、台湾等地。

采摘时间 | 7 ~ 12 月果实成熟期。

形态特征 | 多年生粗壮草本。茎直立，高 2 ~ 3 m，具匐枝。单叶 7 ~ 9 片，螺旋状排列，叶柄具深槽，下部具叶鞘；叶片长椭圆形，长 1 ~ 2 m，宽 20 ~ 40 cm，先端急尖，基部近圆形，全缘，上面深绿色，下面浅绿色，薄被白色粉末，主脉特别隆起，有羽状平行脉。穗状花序下垂；花单性，苞片大，佛焰花苞紫红色，卵状披针形，长 10 ~ 20 cm，覆船状，脱落；在花束上部为雄花，下部为雌花；萼与花瓣一部分合成管状，成长后一边纵裂至基部，浅黄白色，长 3 ~ 4 cm；花冠多为唇形，花瓣矩圆形，长不及萼之半；雄蕊 6，1 枚退化；雌蕊 1，花柱线形，柱头圆形。浆果肉质，微弯曲，有微棱，长 8 ~ 10 cm，直径 2 ~ 2.5 cm，熟时浅黄色，与芭蕉红色花柱不一样。种子黑色，略圆形。花期 3 ~ 8 月。

药用价值 | 清热利湿、活血通脉、行气止痛。主治小便短赤、淋浊、水肿、风湿痹痛、跌打损伤、乳汁不通、疝气痛、子宫脱垂、睾丸炎。

营养价值 | 野蕉鲜品味甘，性微寒，蕴含丰富的糖类和少量没食子酸。

食用部位 | 果实。

食用方法 | 野蕉可以鲜品生食，或煎汤服，干品煎汤，或浸酒服；黄色花可以煲汤食用。

黄花草 | *Arivela viscosa* L.

别　　名 | 黄花菜、臭矢菜、向天黄

分　　布 | 在中国主要分布于云南、福建、广东、湖南、安徽、江西、浙江、广西、海南、台湾等地。生长于海拔 240～500 m 干燥气候条件下的荒地或田野间。

采摘时间 | 海南一年四季都可采收，其他地区是夏秋季采收。

形态特征 | 一年生直立草本，高 0.3～1 m。茎基部常木质化，干后黄绿色，有纵细槽纹，全株密被黏质腺毛与淡黄色柔毛，无刺，有恶臭气味。叶为具 3～7 小叶的掌状复叶；小叶薄草质，近无柄，倒披针状椭圆形，中央小叶最大，长 1～5 cm，宽 5～15 mm，侧生小叶依次减小，全缘或边缘有腺纤毛，侧脉 3～7 对；叶柄长 2～6 cm，无托叶。花单生于茎上部逐渐变小到简化的叶腋内，但近顶端则成总状或伞房状花序；花梗纤细，长 1～2 cm；萼片分离，狭椭圆形、倒披针状椭圆形，长 6～7 mm，宽 1～3 mm，近膜质，有细条纹，内面无毛，背面及边缘有黏质腺毛；花瓣淡黄色或橘黄色，无毛，有数条明显的纵行脉，倒卵形或匙形，长 7～12 mm，宽 3～5 mm，基部楔形至多少有爪，顶端圆形；雄蕊 10～30，花丝比花瓣短，花期时不露出花冠外，花药背着，长约 2 mm；子房无柄，圆柱形，长约 8 mm，除花柱与柱头外密被腺毛，花期时亦不外露，1 室，侧膜胎座 2，胚珠多数，子房顶部变狭而伸长，花柱长 2～6 mm，柱头头状。果直立，圆柱形，劲直或稍镰弯，密被腺毛，基部宽阔无柄，顶端渐狭成喙，长 6～9 cm，中部直径约 3 mm，成熟后果瓣自顶端向下开裂，果瓣宿存，表面有多条多少呈同心弯曲纵向平行凸起的棱与凹陷的槽，两条胎座框特别凸起，宿存的花柱长约 5 mm。种子黑褐色，直径 1～1.5 mm，表面有约 30 条横向平行的皱纹。无明显的花果期，通常 3 月出苗，7 月果熟。

药用价值 | 清热利湿、活血排脓。治流感、感冒、扁桃体炎、痢疾、肠炎、黄疸、痔血、吐血、痈疽疔疮。广东、海南有用鲜叶捣汁加水（或加乳汁）以点眼病。

营养价值 | 种子含油约 36%，又含黏液酸与甲氧基－三羟基黄酮，均供药用。

食用部位 | 枝叶。

食用方法 | 洗净，焯熟，清炒或凉拌。

芦　荟

Aloe vera (L.) N. L. Burman

别　　名｜卢会、讷会、象胆、奴会、劳伟

分　　布｜在中国福建、台湾、广东、广西、四川、云南等地有栽培，也有野生的芦荟存在。

采摘时间｜一年四季都可采摘。

形态特征｜多年生常绿草本植物。茎较短。叶近簇生或稍二列（幼小植株），肥厚多汁，条状披针形，粉绿色，长 15 ~ 35 cm，基部宽 4 ~ 5 cm，顶端有几枚小齿，边缘疏生刺状小齿。花葶高 60 ~ 90 cm，不分枝或有时稍分枝；总状花序具几十朵花；苞片近披针形，先端锐尖；花点垂下，稀疏排列，淡黄色而有红斑；花被长约 2.5 cm，裂片先端稍外弯；雄蕊与花被近等长或略长；花柱明显伸出花被外。果为蒴果，三角形，长约 0.8cm。花期 7 ~ 8月。

药用价值｜泻火、解毒、化瘀、杀虫。主目赤、便秘、白浊、尿血、小儿惊痫、疳积、烧烫伤、妇女闭经、痔疮、疥疮、痈疖肿毒、跌打损伤。

营养价值｜芦荟营养价值很高，含有大量的氨基酸、维生素、多糖类化合物、各种酶和矿物质，具有杀菌消炎、增强免疫功能、清除内毒素和自由基的作用，能解除便秘、预防结肠炎、改善血液循环、祛痘养颜、增进全身健康。每天摄入足够的芦荟制品还有助身体减少对食物中油脂的吸收，达到更好的减重和排毒目的。

食用部位｜汁或叶。

食用方法｜芦荟酒、生食芦荟、凉拌芦荟、芦荟柠檬汁、孢子甘蓝芦荟色拉、猪肝芦荟夹片等。做凉菜清爽可口，可提振胃口；做甜汤或甜羹：如苹果炖芦荟、蜜糖芦荟露、雪耳芦荟、芒果芦荟优酪乳等，可美容减肥；煮汤：如芦荟野菜汤，配菠菜、萝卜、花椰菜、香菇等同煮，营养丰富；炒食：如芦荟炒肉丝、芦荟鲈鱼片，细嫩滑润、鲜美可口。

铜锤玉带草 *Lobelia nummularia* Lam.

别　　名 地钮子、地茄子、地浮萍

分　　布 在中国主要分布于华东、西南、华南以及台湾、湖北、湖南、西藏等地。

采摘时间 夏秋采摘。

形态特征 多年生草本，有白色乳汁。茎平卧，长 12～55 cm，被开展的柔毛，不分枝或在基部有长或短的分枝，节上生根。叶互生，叶片圆卵形、心形或卵形，长 0.8～1.6 cm，宽 0.6～1.8 cm，先端钝圆或急尖，基部斜心形，边缘有牙齿，两面疏生短柔毛；叶脉掌状至掌状羽脉；叶柄长 2～7 mm，生开展短柔毛。花单生叶腋；花梗长 0.7～3.5 cm，无毛；花萼筒坛状，长 3～4 mm，宽 2～3 mm，无毛，裂片条状披针形，伸直，长 3～4 mm，每边生 2 或 3 枚小齿；花冠紫红色、淡紫色、绿色或黄白色，长 6～7 (10) mm，花冠筒外面无毛，内面生柔毛，檐部二唇形，裂片 5，上唇 2 裂片条状披针形，下唇裂片披针形；雄蕊在花丝中部以上连合，花丝筒无毛，花药管长逾 1 mm，背部生柔毛，下方 2 枚花药顶端生髯毛。果为浆果，紫红色，椭圆状球形，长 1～1.3 cm。种子多数，近圆球状，稍压扁，表面有小疣突。在热带地区整年可开花结果。

药用价值 祛风除湿、活血、解毒。主治风湿疼痛、跌打损伤、创伤出血、月经不调、白带、遗精、目赤肿痛、乳痈、无名肿毒。

车　前

Plantago asiatica L.

别　　名 平车前、车茶草、蛤蟆叶、车轮草

分　　布 在中国产于黑龙江、吉林、辽宁、内蒙古、河北、山西、陕西、甘肃、新疆、山东、江苏、安徽、浙江、江西、福建、台湾、河南、湖北、湖南、广东、广西、海南、四川、贵州、云南、西藏。朝鲜、俄罗斯（远东）、日本、尼泊尔、马来西亚、印度尼西亚也有分布。

采摘时间 4～5月。

形态特征 二年生或多年生草本。须根多数。根茎短，稍粗。叶基生呈莲座状，平卧、斜展或直立；叶片薄纸质或纸质，宽卵形至宽椭圆形，长4～12 cm，宽2.5～6.5 cm，先端钝圆至急尖，边缘波状、全缘或中部以下有锯齿、牙齿或裂齿，基部宽楔形或近圆形，多少下延，两面疏生短柔毛；脉5～7条；叶柄长2～27 cm，基部扩大成鞘，疏生短柔毛。花序3～10个，直立或弓曲上升；花序梗长5～30 cm，有纵条纹，疏生白色短柔毛；穗状花序细圆柱状，长3～40 cm，紧密或稀疏，下部常间断；苞片狭卵状三角形或三角状披针形，长2～3 mm，长过于宽，龙骨突宽厚，无毛或先端疏生短毛；花具短梗；花萼长2～3 mm，萼片先端钝圆或钝尖，龙骨突不延至顶端，前对萼片椭圆形，龙骨突较宽，两侧片稍不对称，后对萼片宽倒卵状椭圆形或宽倒卵形；花冠白色，无毛，冠筒与萼片约等长，裂片狭三角形，长约1.5 mm，先端渐尖或急尖，具明显的中脉，于花后反折；雄蕊着生于冠筒内面近基部，与花柱明显外伸，花药卵状椭圆形，长1～1.2 mm，顶端具宽三角形凸起，白色，干后变淡褐色；胚珠7～18。蒴果纺锤状卵形、卵球形或圆锥状卵形，长3～4.5 mm，于基部上方周裂。种子5～12，卵状椭圆形或椭圆形，长1.5～2 mm，具角，黑褐色至黑色，背腹面微隆起；子叶背腹向排列。花期4～8月，果期6～9月。

药用价值 车前为车前草科植物车前及平车前的全株，味甘、性寒，具有利尿、清热、明目、祛痰的功效。主治小便不通、淋浊、带下、尿血、黄疸、水肿、热痢、泄泻、鼻衄、目赤肿痛、喉痹、咳嗽、皮肤溃疡等。

营养价值 每100 g车前嫩叶芽含碳水化合物10 g，蛋白质4 g，脂肪1 g，钙309 mg，磷175 mg，铁25 mg，胡萝卜素58 mg，维生素C 23 mg。以及胆碱、钾盐、柠檬酸、草酸、桃叶珊瑚苷等多种成分。种子含多量黏液质，为由木糖、阿拉伯糖、半乳糖醛酸、鼠李糖及半乳糖组成的均匀胶状液。此外，尚含车前烯醇酸、琥珀酸、腺嘌呤、车前糖、胆碱等。全草含车前苷、桃叶珊瑚苷、乌索酸、谷甾醇等。

食用部位 全株。

食用方法 幼苗可食。4～5月间采幼嫩苗，沸水轻煮后，凉拌、蘸酱、炒食、做馅、做汤或和面蒸食。还可制作车前草炖猪小肚、车前叶粥、野苋车前汤。

薄 荷 | *Mentha canadensis* L.

别　　名 | 野薄荷、夜息香、银丹草

分　　布 | 广泛分布于北半球的温带地区，中国各地均有分布。中国各地多有栽培，其中江苏、安徽为传统产区，但栽培面积日益减少。热带亚洲，俄罗斯远东地区、朝鲜、日本及北美洲（南达墨西哥）也有。对环境条件适应能力较强，在海拔 2100 m 以下地区可生长，生于水旁潮湿地，海拔可高达 3500 m。

采摘时间 | 薄荷一般年收 2 次，广州等个别地方年收 3 次，五六月份 1 次，秋分至霜降 1 次。在初花期，花开 3 ~ 5 轮时收割，选晴天上午 10 时至下午 3 时采收最为合适。

形态特征 | 多年生草本。茎直立，高 30 ~ 60 cm，下部数节具纤细的须根及水平匍匐根状茎，锐四棱形，具四槽，上部被倒向微柔毛，下部仅沿棱上被微柔毛，多分枝。叶片长圆状披针形、披针形、椭圆形或卵状披针形、稀长圆形，长 3 ~ 5（7）cm，宽 0.8 ~ 3 cm，先端锐尖，基部楔形至近圆形，边缘在基部以上疏生粗大的牙齿状锯齿；侧脉约 5 ~ 6 对，与中肋在上面微凹陷下显著，侧脉上面绿色；沿脉上密生余部疏生微柔毛，或除脉外余部近于无毛，侧脉上面淡绿色，通常沿脉上密生微柔毛；叶柄长 2 ~ 10 mm，腹凹背凸，被微柔毛。轮伞花序腋生，轮廓球形，花时直径约 18 mm，具梗或无梗，具梗时梗可长达 3 mm，被微柔毛；花梗纤细，长 2.5 mm，被微柔毛或近于无毛；花萼管状钟形，长约 2.5 mm，外被微柔毛及腺点，内面无毛，10 脉，不明显，萼齿 5，狭三角状钻形，先端长锐尖，长 1 mm；花冠淡紫，长 4 mm，外面略被微柔毛，内面在喉部以下被微柔毛，冠檐 4 裂，上裂片先端 2 裂，较大，其余 3 裂片近等大，长圆形，先端钝；雄蕊 4，前对较长，长约 5 mm，均伸出于花冠之外，花丝丝状，无毛，花药卵圆形，2 室，室平行；花柱略超出雄蕊，先端近相等 2 浅裂，裂片钻形，花盘平顶。小坚果卵珠形，黄褐色，具小腺窝。花期 7 ~ 9 月，果期 10 月。

药用价值 | 薄荷是我国常用中药之一。它是辛凉性发汗解热药，治流行性感冒、头疼、目赤、身热、咽喉、牙床肿痛等症。外用可治神经痛、皮肤瘙痒、皮疹和湿疹等。平常以薄荷代茶，可清心明目。

营养价值 | 薄荷清爽可口，含较高热量。每 100 g 干薄荷中，含水分 9.6 g、蛋白质 6.8 g、纤维 31.1 g，能提供 870.7kJ 的热量。

食用部位 | 主要食用部位为茎和叶。

食用方法 | 在食用上，薄荷既可作为调味剂，又可作香料，还可配酒、冲茶、榨汁服等。常见的做法有薄荷粥、薄荷豆腐、薄荷鸡丝、薄荷糕、鲜薄荷鲫鱼汤、薄荷汤、薄荷凉茶等。同时，薄荷茎叶有特殊香味，可用于制作口香糖、牙膏等，起到清凉提神、泻火的功效。另外，薄荷可酿蜜，其蜜蜜色深，呈深琥珀色、具有较强的薄荷特殊气味。嫩茎叶可食，一般在春末夏初采摘，洗净，入沸水焯一下，再用清水浸泡片刻，凉拌、炒食或掺面蒸食均可，具有医用和食用双重功能。

罗　勒

Ocimum basilicum L.

别　　名 九层塔、金不换、圣约瑟夫草、甜罗勒、兰香

分　　布 原产于非洲、美洲及亚洲热带地区。在中国主要分布于新疆、吉林、河北、河南、浙江、江苏、安徽、江西、湖北、湖南、广东、广西、福建、台湾、贵州、云南及四川。多为栽培，南部各地区有逸为野生的。

采摘时间 一般在 7 ～ 8 月采收。当植株 20 cm 高、封垄后进行收获，选择未抽薹的幼嫩枝条前端采收，长度 5 ～ 10 cm，每 7 ～ 15 天采收一次。海南地区一般一年能采收 3 ～ 4 次。

形态特征 一年或多年生草本。具圆锥形主根及自其上生出的密集须根。茎直立，钝四棱形，上部微具槽，基部无毛，上部被倒向微柔毛，绿色，常染有红色，多分枝。叶卵圆形至卵圆状长圆形，长 2.5 ～ 5 cm，宽 1 ～ 2.5 cm，边缘具不规则牙齿或近于全缘，两面近无毛，下面具腺点；侧脉 3 ～ 4 对，与中脉在上面平坦下面多少明显；叶柄伸长，长约 1.5 cm，近于扁平，向叶基多少具狭翅，被微柔毛。总状花序顶生于茎、枝上，各部均被微柔毛，通常长 10 ～ 20 cm，由多数具 6 花交互对生的轮伞花序组成，下部的轮伞花序远离，彼此相距可达 2 cm，上部轮伞花序靠近；花梗明显，花时长约 3 mm，果时伸长，长约 5 mm，先端明显下弯；花萼钟形，长 4 mm，宽 3.5 mm，外面被短柔毛；花冠淡紫色，或上唇白色下唇紫红色，伸出花萼，长约 6 mm，外面在唇片上被微柔毛；雄蕊 4，分离，略超出花冠，插生于花冠筒中部，花丝丝状，花药卵圆形，汇合成 1 室；花柱超出雄蕊之上，先端相等 2 浅裂，花盘平顶，具 4 齿，齿不超出子房。小坚果卵珠形，长 2.5 mm，宽 1 mm，黑褐色，有具腺的穴陷，基部有 1 个白色果脐。花期 7 ～ 9 月，果期 9 ～ 12 月。

药用价值 全草入药，有治疗头痛、耳痛、鼻窦炎、支气管炎、祛痰、伤风感冒、气喘、打嗝、胀气、胃痛、胃痉挛、胃肠胀气、消化不良、肠炎腹泻、尿酸过多、肌肉酸痛、皮肤松软、胸痛、跌打损伤、瘀肿、风湿性关节炎、小儿发热、肾脏炎、蛇虫咬伤、粉刺、羊癫疯、月经不顺、乳汁分泌少、乳房充血发炎的功效，可激励情绪、减轻压力、减轻忧郁不安、催情、补身、抗菌等，也可煎水洗湿疹及皮炎面疱，

营养价值 主要成分为罗勒烯、α－蒎烯、1,8－桉叶素、芳樟醇、牻牛儿醇、柠檬烯，3－蒈烯、甲基胡椒酚、丁香油酚、丁香油酚甲醚、茴香醚、桂皮酸甲酯、3－己烯－1－醇、3－辛酮及糠醛等。其嫩茎叶含有蛋白质、碳水化合物、维生素 A、维生素 C、胡罗卜素等多种营养成分。

食用部位 主要是其茎叶。

食用方法 罗勒的幼茎叶有香气，作为芳香野菜在色拉和肉的料理中使用。春季采摘嫩叶，用沸水焯熟，可直接生食或凉拌、蒸食、油炸。也可作为炖汤、炒菜时的调味品。开花的季节采收后，干燥再制粉末储藏起来，可随时作为香味料使用。罗勒非常适合与番茄搭配，不论是做菜、熬汤还是做酱，风味都非常独特。

疏柔毛罗勒 *Ocimum basilicum* L. var. *pilosum* (Willd.) Benth.

别　　名丨荆芥

分　　布丨在中国产于新疆、吉林、河北、浙江、江苏、安徽、江西、湖北、湖南、广东、广西，在福建、台湾、贵州、云南及四川多为栽培，南部各地区有逸为野生的。

采摘时间丨南部一年四季均可采摘。

形态特征丨高 20 ~ 80 cm，具圆锥形主根及须根。茎直立，多分枝，钝四棱形；小枝具沟槽及短柔毛，幼嫩时红色，渐老变为绿色。叶卵形至卵状长圆形。花冠淡紫色或上唇白色、下唇紫红色，长约 6 mm，管长约 3 mm，内藏，喉部增大，唇片外面具微柔毛，内面无毛。小坚果卵珠形，长 1.5 mm，宽 1 mm，黑褐色。花期 7 ~ 9 月，果期 9 ~ 12 月。

药用价值丨治胃痛、胃痉挛、胃肠胀气、消化不良、肠炎腹泻、外感风寒、头痛、胸痛、跌打损伤、瘀肿、风湿性关节炎、小儿发热、肾脏炎、蛇咬伤，可煎水洗湿疹及皮炎；茎叶为产科要药，可使分娩前血行良好；种子名光明子，主治目翳，并试用于避孕。

营养价值丨茎、叶及花穗含芳香油，一般含油 0.10% ~ 0.12%。其主要成分为草蒿素（含量在 55% 左右）、芳樟醇（含量 34.5% ~ 40.0%）及其他如乙酸芳樟酯、丁香酚等。

食用部位丨全草。

食用方法丨嫩叶可清炒、凉拌，亦可泡茶饮用。

益母草

Leonurus japonicus Houttuyn

别　　名丨益母蒿、益母艾、红花艾、坤草、野天麻、玉米草、灯笼草、铁麻干

分　　布丨产于中国各地。俄罗斯、朝鲜、日本，热带亚洲、非洲以及美洲各地有分布。

采摘时间丨南方一年四季都可收获，北方在夏秋季收获。

形态特征丨一年或二年生草本。茎直立，通常高 30 ~ 120 cm，钝四棱形，微具槽，有倒向糙伏毛，在节及棱上尤为密集，在基部有时近于无毛，多分枝，或仅于茎中部以上有能育的小枝条。叶轮廓变化很大，茎下部叶轮廓为卵形，基部宽楔形，掌状 3 裂，裂片呈长圆状菱形至卵圆形，通常长 2.5 ~ 6 cm，宽 1.5 ~ 4 cm，裂片上再分裂，上面绿色，有糙伏毛，叶脉稍下陷，下面淡绿色，被疏柔毛及腺点，叶脉凸出，叶柄纤细，长 2 ~ 3 cm，由于叶基下延而在上部略具翅，腹面具槽，背面圆形，被糙伏毛；茎中部叶轮廓为菱形，较小，通常分裂成 3 个或偶有多个长圆状线形的裂片，基部狭楔形，叶柄长 0.5 ~ 2 cm。花序最上部的苞叶近于无柄，线形或线状披针形，长 3 ~ 12 cm，宽 2 ~ 8 mm，全缘或具稀少牙齿；轮伞花序腋生，具 8 ~ 15 花，轮廓为圆球形，直径 2 ~ 2.5 cm，多数远离而组成长穗状花序；小苞片刺状，向上伸出，基部略弯曲，比萼筒短，长约 5 mm，有贴生的微柔毛；花梗无；花萼管状钟形，长 6 ~ 8 mm，外面有贴生微柔毛，内面于离基部 1/3 以上被微柔毛，5 脉，显著，齿 5，前 2 齿靠合，长约 3 mm，后 3 齿较短，等长，长约 2 mm，齿均宽三角形，先端刺尖；花冠粉红至淡紫红色，长 1 ~ 1.2 cm，外面于伸出萼筒部分被柔毛，冠筒长约 6 mm，等大，内面在离基部 1/3 处有近水平向的不明显鳞毛毛环，毛环在背面间断，其上部多少有鳞状毛，冠檐二唇形，上唇直伸，内凹，长圆形，长约 7 mm，宽 4 mm，全缘，内面无毛，边缘具纤毛，下唇略短于上唇，内面在基部疏被鳞状毛，3 裂，中裂片倒心形，先端微缺，边缘薄膜质，基部收缩，侧裂片卵圆形，细小；花盘平顶。子房褐色，无毛。小坚果长圆状三棱形，长 2.5 mm，顶端截平而略宽大，基部楔形，淡褐色，光滑。花期 6 ~ 9 月，果期 9 ~ 10 月。

药用价值丨具有活血调经、利尿消肿、收缩子宫的作用。用于月经不调、痛经、经闭、恶露不尽、水肿尿少、急性肾炎水肿。同时，由于它含有硒和锰等微量元素，可抗氧化、防衰老、抗疲劳及抑制癌细胞增生等。

营养价值丨益母草性寒味辛，其嫩茎叶含有蛋白质、碳水化合物等多种营养成分。每 100 g 益母草含 24 kJ 的热量。

食用部位丨全株。

食用方法丨①拌食，如益母草拌绿豆芽、双耳胡萝卜拌益母草，食材焯后加盐、味精、香油拌匀即成；②煮粥：如益母草红糖粥、益母草莲藕姜汁粥、益母草花生皮蛋瘦肉粥；③泡茶：如益母草山楂茶、益母草红糖茶；④煮汤：如益母草鸡肉汤、益母草鸭肾汤，可清热去滞；⑤做甜品：如益母草荷包羹，与鸡蛋、枸杞子共煮甜羹饮用。

紫 苏 *Perilla frutescens* (L.) Britt.

别　　名 白丝草、红香师菜、蚊草、蛤树、紫禾草、嗅草、香丝草、野香丝、野猪疏、青叶紫苏、苏麻、苏管、鸡苏

分　　布 原产于中国，主要分布于印度、缅甸、日本、朝鲜、韩国、印度尼西亚和俄罗斯等国家。中国华北、华中、华南、西南及台湾均有野生种和栽培种。

采摘时间 8 ~ 9 月份，花序初现时，收割全草做药用；而当植株长至 40 ~ 50 cm 时，即可陆续采收食用其嫩茎叶。

形态特征 一年生直立草本。茎高 0.3 ~ 2 m，绿色或紫色，钝四棱形，具四槽，密被长柔毛。叶阔卵形或圆形，长 7 ~ 13 cm，宽 4.5 ~ 10 cm，先端短尖或凸尖，基部圆形或阔楔形，边缘在基部以上有粗锯齿，膜质或草质，两面绿色或紫色，或仅下面紫色，上面被疏柔毛，下面被贴生柔毛，侧脉 7 ~ 8 对，位于下部者稍靠近，斜上升，与中脉在上面微凸起下面明显凸起，色稍淡；叶柄长 3 ~ 5 cm，背腹扁平，密被长柔毛。轮伞花序 2 花，组成长 1.5 ~ 15 cm、密被长柔毛、偏向一侧的顶生及腋生总状花序；苞片宽卵圆形或近圆形，长、宽约 4 mm，先端具短尖，外被红褐色腺点，无毛，边缘膜质；花梗长 1.5 mm，密被柔毛；花萼钟形，10 脉，长约 3 mm，直伸，下部被长柔毛，夹有黄色腺点，内面喉部有疏柔毛环，结果时增大，长至 1.1 cm，平伸或下垂，基部一边肿胀，萼檐二唇形，上唇宽大，3 齿，中齿较小，下唇比上唇稍长，2 齿，齿披针形；花冠白色至紫红色，长 3 ~ 4 mm，外面略被微柔毛，内面在下唇片基部略被微柔毛，冠筒短，长 2 ~ 2.5 mm，喉部斜钟形，冠檐近二唇形，上唇微缺，下唇 3 裂，中裂片较大，侧裂片与上唇相近似；雄蕊 4，几不伸出，前对稍长，离生，插生喉部，花丝扁平，花药 2 室，室平行，其后略叉开或极叉开；雌蕊 1，子房 4 裂，花柱基底着生，柱头 2 室；花盘在前边呈指状膨大。果萼长约 10 mm。小坚果近球形，灰褐色，直径约 1.5 mm，具网纹。花期 8 ~ 11 月，果期 8 ~ 12 月。

药用价值 用于风寒感冒、头痛、咳嗽、胸腹胀满，也有解热、抑菌、升血糖、血凝、促进肠蠕动、镇静作用。

营养价值 具有低糖、高纤维、高胡萝卜素、高矿质元素等。挥发油中含紫苏醛、紫苏醇、薄荷酮、薄荷醇、丁香油酚、白苏烯酮等。

食用部位 嫩茎叶。

食用方法 用紫苏烹制各种菜肴，包括紫苏干烧鱼、紫苏鸭、紫苏炒田螺、苏盐贴饼、紫苏百合炒羊肉、铜盆紫苏蒸乳羊等。另外，在泡菜坛子里放入紫苏叶或秆，可以防止泡菜液中产生白色的病菌。紫苏子用作肉类食品的调料，也用来制作紫苏芝麻盐。可凉拌：焯后加盐、味精、酱油、香油调味即可；煮粥：紫苏粥能辅助治疗风寒感冒、胸闷不适等症；泡茶：用开水冲泡紫苏鲜叶，加白糖；烹制肉类：紫苏叶和肉类同煮可提振鲜香。

Oxalis corniculata L. 酢浆草

别　　名 酸浆草、酸酸草、斑鸠酸、三叶酸、酸咪咪、钩钩草

分　　布 在中国广泛分布。分布于山坡草池、河谷沿岸、路边、田边、荒地或林下阴湿处等。

采摘时间 海南一年四季都可采收，其他地区是夏秋季采收。

形态特征 草本。高 10～35 cm，全株被柔毛。根茎稍肥厚。茎细弱，多分枝，直立或匍匐，匍匐茎节上生根。叶基生或茎上互生；托叶小，长圆形或卵形，边缘被密长柔毛，基部与叶柄合生，或同一植株下部托叶明显而上部托叶不明显；叶柄长 1～13 cm，基部具关节；小叶 3，无柄，倒心形，长 4～16 mm，宽 4～22 mm，先端凹入，基部宽楔形，两面被柔毛或表面无毛，沿脉被毛较密，边缘具贴伏缘毛。花单生或数朵集为伞形花序状，腋生；总花梗淡红色，与叶近等长；花梗长 4～15 mm，果后延伸；小苞片 2，披针形，长 2.5～4 mm，膜质；萼片 5，披针形或长圆状披针形，长 3～5 mm，背面和边缘被柔毛，宿存；花瓣 5，黄色，长圆状倒卵形，长 6～8 mm，宽 4～5 mm；雄蕊 10，花丝白色半透明，有时被疏短柔毛，基部合生，长、短互间，长者花药较大且早熟；子房长圆形，5 室，被短伏毛，花柱 5，柱头头状。蒴果长圆柱形，长 1～2.5 cm，5 棱。种子长卵形，长 1～1.5 mm，褐色或红棕色，具横向肋状网纹。花果期 2～9 月。

药用价值 具有清热解毒、消肿散疾的效用，可治蛇虫蜇伤，也可治尿血、尿路感染、黄疸肝炎等。

营养价值 在 100 g 鲜菜中，热量 280.45 kJ、碳水化合物 12.40 g、脂肪 0.50 g。

食用部位 茎、叶。

食用方法 酢浆草茎叶四季可食，但秋冬营养最丰富，适于食用。茎叶含多量草酸盐，叶含柠檬酸及大量酒石酸，茎含苹果酸。酢浆草的嫩茎叶先用沸水焯一下，在凉水中浸泡 2 小时后炒食、做汤或凉拌都可以，也可以做色拉的配料。

蓖 麻 *Ricinus communis* L.

别　　名 | 大麻子、老麻了、草麻

分　　布 | 原产地在非洲东北部的肯尼亚或索马里，广布于全球热带地区。

采摘时间 | 6～9 月。

形态特征 | 一年生或多年生草本，热带或南方地区常成多年生灌木或小乔木。单叶互生；叶片盾状圆形，掌状分裂至叶片的一半以下。圆锥花序与叶对生及顶生，下部生雄花，上部生雌花；花雌雄同株，或无花瓣；雄蕊多数，花丝多分枝；花柱，深红色。蒴果球形，有软刺，成熟时开裂。叶轮廓近圆形，长和宽达 40 cm 或更大，掌状 7～11 裂，裂缺几达中部，裂片卵状长圆形或披针形，顶端急尖或渐尖，边缘具锯齿；网脉明显；叶柄粗壮，中空，长可达 40 cm，顶端具 2 枚盘状腺体，基部具盘状腺体；托叶长三角形，长 2～3 cm，早落。总状花序或圆锥花序，长 15～30 cm 或更长；苞片阔三角形，膜质，早落；雄花花萼裂片卵状三角形，长 7～10 mm，雄蕊束众多；雌花萼片卵状披针形，长 5～8 mm，凋落，子房卵状，直径约 5 mm，密生软刺或无刺，花柱红色，长约 4 mm，顶部 2 裂，密生乳头状凸起。蒴果卵球形或近球形，长 1.5～2.5 cm，果皮具软刺或平滑。种子椭圆形，微扁平，长 8～18 mm，平滑，斑纹淡褐色或灰白色；种阜大。花期 5～8 月，果期 7～10 月。

药用价值 | 蓖麻的种子能消肿拔毒、泻下通滞。治痈疽肿毒、瘰疬、喉痹、疥癞癣疮、水肿腹满、大便燥结。

营养价值 | 种子含脂肪油 40%～50%，油饼含蓖麻碱、蓖麻毒蛋白及脂肪酶。种子中分出的蓖麻毒蛋白有三种，即蓖麻毒蛋白 -D、酸性蓖麻毒蛋白、碱性蓖麻毒蛋白。

食用部位 | 蓖麻子。

食用方法 | 外用：捣敷或调敷；内服：入丸剂、生研或炒食。

飞扬草

Euphorbia hirta L.

别　　名丨大飞扬、大乳汁草、节节花、乳籽草、飞相草

分　　布丨分布于浙江、江西、福建、台湾、湖南、广东、海南、广西、四川、贵州、云南等地。

采摘时间丨夏、秋二季。

形态特征丨一年生草本。根纤细，长 5 ~ 11 cm，直径 3 ~ 5 mm，常不分枝，偶 3 ~ 5 分枝。茎单一，自中部向上分枝或不分枝，高 30 ~ 60（70）cm，直径约 3 mm，被褐色或黄褐色的多细胞粗硬毛。叶对生，披针状长圆形、长椭圆状卵形或卵状披针形，长 1 ~ 5 cm，宽 5 ~ 13 mm，先端极尖或钝，基部略偏斜，边缘于中部以上有细锯齿，中部以下较少或全缘，叶面绿色，叶背灰绿色，有时具紫色斑，两面均具柔毛，叶背面脉上的毛较密；叶柄极短，长 1 ~ 2 mm。花序多数，于叶腋处密集成头状，基部无梗或仅具极短的柄，变化较大，且具柔毛；总苞钟状，高与直径各约 1 mm，被柔毛，边缘 5 裂，裂片三角状卵形；腺体 4，近于杯状，边缘具白色附属物；雄花数枚，微达总苞边缘；雌花 1 枚，具短梗，伸出总苞之外，子房三棱状，被少许柔毛，花柱 3，分离，柱头 2 浅裂。蒴果三棱状，长与直径均约 1 ~ 1.5 mm，被短柔毛，成熟时分裂为 3 个分果爿。种子近圆状四棱，每个棱面有数个纵槽，无种阜。花果期 6 ~ 12 月。

药用价值丨味辛、酸，性凉，有小毒。有清热解毒、利湿止痒，通乳之功效。用于肺痈、乳痈、疔疮肿毒、牙疳、痢疾、泄泻、热淋、血尿、湿疹、脚癣、皮肤瘙痒、产后少乳。

食用部位丨全株可食。

食用方法丨煎服。

佛肚树 *Jatropha podagrica* Hook.

别　　名 | 麻疯树、瓶子树、纺锤树、萝卜树、瓶杆树

分　　布 | 原产于中美洲或南美洲热带地区；主要分布在我国的福建、广东、海南等地。

采摘时间 | 全年可采摘。

形态特征 | 直立灌木。不分枝或少分枝，高 0.3～1.5 m。茎基部或下部通常膨大呈瓶状。枝条粗短，肉质，具散生凸起皮孔，叶痕大且明显。叶盾状着生，轮廓近圆形至阔椭圆形，长 8～18 cm，宽 6～16 cm，顶端圆钝，基部截形或钝圆，全缘或 2～6 浅裂，上面亮绿色，下面灰绿色，两面无毛；掌状脉 6～8，其中上部 3 条直达叶缘；叶柄长 8～16 cm，无毛；托叶分裂呈刺状，宿存。花序顶生，具长总梗，分枝短，红色；花萼长约 2 mm，裂片近圆形，长约 1 mm；花瓣倒卵状长圆形，长约 6 mm，红色；雄花雄蕊 6～8 枚，基部合生，花药与花丝近等长；雌花子房无毛，花柱 3 枚，基部合生，顶端 2 裂。蒴果椭圆状，长 13～18 mm，直径约 15 mm，具 3 纵沟。种子长约 1.1 cm，平滑。花期几全年。

药用价值 | 治疗咽喉肿痛、痈肿、疔疮、丹毒、蛇咬伤、黄疸、痢疾。

食用部位 | 树汁。

食用方法 | 外敷。用鲜品捣烂外敷，脚癣需加醋调敷。

海南巴豆

Croton laui Merr. et Metc.

别　　名｜巴菽、刚子、江子、老阳子、双眼龙、猛子仁、巴果、双眼虾、红子仁、巴贡、豆贡、巴米、毒鱼子、銮豆、贡仔、八百力、巴仁、芒子、药子仁、芦麻子、腊盘子、大风子、泻果、大叶双眼龙

分　　布｜在中国生长于广东与海南西部儋州、昌江、白沙至南部三亚和陵水等地海拔 600m 以下低山丘陵的荒坡及疏林中。

采摘时间｜每年于 8～11 月，分批采收。

形态特征｜灌木，高 1～5 m。嫩枝密被星状柔毛，毛渐脱落，老枝无毛。叶常密生于枝顶，纸质，倒卵形、长圆状倒卵形至倒披针形，稀椭圆形，长 4～12(14) cm，宽 1.5～4(5) cm，顶端钝、短尖至近圆形，向基部渐狭，基端钝至微心形，近全缘或有不整齐细锯齿，嫩叶被星状绒毛，成长叶几无毛，干后黄褐色；侧脉每边 5～9 条，在近叶缘处弯拱消失；下面基部中脉两侧或第一对侧脉基部各有 1 枚杯状无柄腺体；叶柄长 5～20 mm，初被星状毛。总状花序，长 2～13 cm，密被星状绒毛；雄花萼片椭圆形，长约 2 mm，花瓣长圆形，与萼片近等长，被绵毛，雄蕊 10 枚，花丝被绵毛；雌花萼片长约 3 mm，子房近圆球状，密被星状绒毛，花柱自基部 2 裂。蒴果近球形，直径约 9 mm，疏生星状柔毛。种子椭圆状，略扁。花期 1～5 月。

药用价值｜种子有泻下冷积、逐水退肿、祛痰利咽的功效。主治寒积停滞、胸腹胀满、冷秘急痛、水肿等。叶治疟疾、疥癣、跌打损伤。

食用部位｜主要以种子入药，根、叶也可药用。

食用方法｜用水煎服。

金刚纂 *Euphorbia neriifolia* L.

别　　名｜麒麟阁、霸王鞭、水殃、龙骨、火殃勒

分　　布｜在中国主要分布于福建、台湾、广东、广西、海南等地。

采摘时间｜全年可采。

形态特征｜半肉质灌木，高 1～8m。全株有白色乳汁。枝圆柱状或有不明显的 3～7 棱，小枝肉质，绿色，扁平或有 3～5 条厚而作波浪形的翅，凹陷处有 1 对利刺。单叶由枝条翅边发出，肉质，倒卵形、卵状长圆形以至匙形，长 4～6 cm，宽 1.5～2 cm，两面无毛；托叶皮刺状，宿存，坚硬。杯状花序每 3 个簇生或单生，总花梗短而粗壮；总苞半球形，5 浅裂，裂片边缘撕裂；总苞腺体 4，二唇形，无花瓣状附属物，上唇大，宽倒卵形，向外反曲；子房 3 室，花柱 3，基部合生，顶端不分裂。蒴果无毛，宽约 1.2 mm，分果爿压扁状。花果期 9 月至翌年2 月。

药用价值｜消肿止痛、清火解毒、敛疮生肌、止咳平喘、润肠通便。主治跌打损伤、疔疮痈疖脓肿、小儿咳喘、便秘。

营养价值｜乳汁含大戟二烯醇、大戟醇、环木菠萝烯醇、β－香树脂醇乙酸酯、3-O－当归酰巨大戟萜醇；茎含蒲公英赛醇、3α－和 3β－无羁萜醇、蒲公英赛酮；茎皮含蒲公英赛醇。

食用部位｜叶、茎（茎刮去皮用）。

食用方法｜一般外用为主。如鲜金刚纂乳汁外涂患处；鲜金刚纂先以米泔水浸泡 1 小时后，用水煎服，并将渣外敷蛇咬处；金刚纂去毒后，再加入水适量，煎水代茶。

秋 枫

Bischofia javanica Bl.

别　　名｜加冬

分　　布｜在中国主要分布于浙江、江苏，产地秦岭、淮河流域以南至两广等地。

采摘时间｜果实采摘在 10～11 月，其他部位采摘时间不限。

形态特征｜常绿或半常绿大乔木，高达 40 m，胸径可达 2.3 m。树干圆满通直，但分枝低，主干较短；树皮灰褐色至棕褐色，厚约 1 cm，近平滑，老树皮粗糙，内皮纤维质，稍脆；砍伤树皮后流出汁液红色，干凝后变瘀血状；木材鲜时有酸味，干后无味，表面槽棱凸起；小枝无毛。三出复叶，稀 5 小叶，总叶柄长 8～20 cm；小叶片纸质，卵形、椭圆形、倒卵形或椭圆状卵形，长 7～15 cm，宽 4～8 cm，顶端急尖或短尾状渐尖，基部宽楔形至钝，边缘有浅锯齿，每 1 cm 长有 2～3 枚，幼时仅叶脉上被疏短柔毛，老渐无毛；顶生小叶柄长 2～5 cm，侧生小叶柄长 5～20 mm；托叶膜质，披针形，长约 8 mm，早落。花小，雌雄异株，多朵组成腋生的圆锥花序；雄花序长 8～13 cm，被微柔毛至无毛；雌花序长 15～27 cm，下垂；雄花直径达 2.5 mm，萼片膜质，半圆形，内面凹成勺状，外面被疏微柔毛，花丝短，退化雌蕊小，盾状，被短柔毛；雌花萼片长圆状卵形，内面凹成勺状，外面被疏微柔毛，边缘膜质，子房光滑无毛，3～4 室，花柱 3～4，线形，顶端不分裂。果实浆果状，圆球形或近圆球形，直径 6～13 mm，淡褐色。种子长圆形，长约 5 mm。花期 4～5 月，果期 8～10 月。

药用价值｜可补血、养血、活血、化瘀、补肾、利尿、平喘、降血糖、消肿败毒、祛风行气、解热消炎。用于肺炎、感冒、遗精、红白痢、气血郁结、腹痛、哮喘、痈疽疮疡等症。

营养价值｜富含铁、黄酮类物质。

食用部位｜叶、根、皮、果实。

食用方法｜将秋枫洗净，盖在猪肺上，再掺食盐少许，置于盘上蒸熟服。水 3 碗，酒 3 碗，加猪排骨 187.5 克，炖熟，分 2～3 次服用。

守宫木 *Sauropus androgynus* (L.) Merr.

别　　名｜五指山野菜、树仔菜、越南菜、天绿香

分　　布｜在中国主要分布于海南、广东（高要、揭阳、饶平、佛山、中山、新会、珠海、深圳、信宜、广州）和云南（河口、西双版纳等地）。

采摘时间｜海南一年四季都可采收，其他地区是夏季采收。

形态特征｜灌木。高 1～3 m，全株均无毛。小枝绿色，长而细，幼时上部具棱，老渐圆柱状。叶片近膜质或薄纸质，卵状披针形、长圆状披针形或披针形，长 3～10 cm，宽 1.5～3.5 cm，顶端渐尖，基部楔形、圆或截形；侧脉每边 5～7 条，上面扁平，下面凸起，网脉不明显；叶柄长 2～4 mm；托叶 2，着生于叶柄基部两侧，长三角形或线状披针形，长 1.5～3 mm。雄花：1～2 朵腋生，或几朵与雌花簇生于叶腋，直径 2～10 mm；花梗纤细，长 5～7.5 mm；花盘浅盘状，直径 5～12 mm，6 浅裂，裂片倒卵形，覆瓦状排列，无退化雌蕊；花丝合生呈短柱状，花药外向，2 室，纵裂；花盘腺体 6，与萼片对生，上部向内弯而将花药包围；雌花：通常单生于叶腋；花梗长 6～8 mm；花萼 6 深裂，裂片红色，倒卵形或倒卵状三角形，长 5～6 mm，宽 3～5.5 mm，顶端钝或圆，基部渐狭而成短爪，覆瓦状排列；无花盘；雌蕊扁球状，直径约 1.5 mm，高约 0.7 mm，子房 3 室，每室 2 枚胚珠，花柱 3，顶端 2 裂。蒴果扁球状或圆球状，直径约 1.7 cm，高 1.2 cm，乳白色，宿存花萼红色；果梗长 5～10 mm。种子三棱状，长约 7 mm，宽约 5 mm，黑色。花期 4～7 月，果期 7～12 月。

药用价值｜具有健脾消肿、清热解毒、行气、利尿的功效。可治感冒发热、痢疾、肠炎、尿路感染、营养不良性水肿、乳腺炎等。

营养价值｜守宫木是近年才发展起来的高级野菜，营养价值很高。每 100 g 中含有蛋白质 6～10 g，还含有胡萝卜素、维生素 C、维生素 B 以及丰富的矿物质。

食用部位｜嫩叶。

食用方法｜炒食或做汤。

叶下珠

Phyllanthus urinaria L.

别　　名｜珠仔草、假油甘、潮汕、龙珠草、企枝叶下珠、碧凉草

分　　布｜中国主要分布在河北、山西、陕西、海南等地。

采摘时间｜应在9月下旬或10月上旬采收，10月中旬后随气温降低叶片很快变黄脱落，影响药材质量和品质。

形态特征｜一年生草本。高10～60 cm，茎通常直立，基部多分枝，枝倾卧而后上升；枝具翅状纵棱，上部被一纵列疏短柔毛。叶片纸质，因叶柄扭转而呈羽状排列，长圆形或倒卵形，长4～10 mm，宽2～5 mm，顶端圆、钝或急尖而有小尖头，下面灰绿色，近边缘或边缘有1～3列短粗毛；侧脉每边4～5条，明显；叶柄极短；托叶卵状披针形，长约1.5 mm。花雌雄同株，直径约4 mm。雄花：2～4朵簇生于叶腋，通常仅上面1朵开花，下面的很小；花梗长约0.5 mm，基部有苞片1～2枚；萼片6，倒卵形，长约0.6 mm，顶端钝；雄蕊3，花丝全部合生成柱状；花粉粒长球形，通常具5孔沟，少数3、4、6孔沟，内孔横长椭圆形；花盘腺体6，分离，与萼片互生。雌花：单生于小枝中下部的叶腋内；花梗长约0.5 mm；萼片6，近相等，卵状披针形，长约1 mm，边缘膜质，黄白色；花盘圆盘状，边全缘；子房卵状，有鳞片状凸起，花柱分离，顶端2裂，裂片弯卷。蒴果圆球状，直径1～2 mm，红色，表面具一小凸刺，有宿存的花柱和萼片，开裂后轴柱宿存。种子长1.2 mm，橙黄色。花期4～6月，果期7～11月。

药用价值｜清热利尿、明目、消积。用于肾炎水肿、泌尿系统感染、结石、肠炎、痢疾、小儿疳积、眼角膜炎、黄疸型肝炎、赤白痢疾、暑热腹泻、肠炎腹泻、夜盲、急性结膜炎、口疮、头疮、风火赤眼、单纯性消化不良。外治毒蛇咬伤、指头蛇疮、皮肤飞蛇卵等。

营养价值｜叶下珠主要化学成分有没食子酸、甲氧基糅花酸、卵谷蓄醇、丁二酸、胡萝卜苷、山茶素、阿魏酸、木脂素、槲皮素、短叶苏木酸、柯里拉京、黄酮、去氢诃子次酸、糅质、生物碱、芸香苷、糅料云实素、短叶苏木酸乙酯、短叶苏木酸甲酯、老鹳草素、短叶苏木酚酸和去氢诃子次酸三甲酯等，其中没食子酸为主要活性成分，具有抗病毒作用。

食用部位｜全株。

食用方法｜用开水焯熟，再用清水浸泡，捞出后加盐凉拌，也可煮汤。

海刀豆 | *Canavalia rosea* (Swartz) Candolle Prodr.

别　　名 | 水流豆

分　　布 | 产于我国东南部至南部。蔓生于海边沙滩上，热带海岸地区广布。

采摘时间 | 秋冬季采摘。

形态特征 | 粗壮草质藤本。茎被稀疏的微柔毛。羽状复叶具 3 小叶；托叶、小托叶小；小叶倒卵形、卵形、椭圆形或近圆形，长 5 ~ 8（~ 14）cm，宽 4.5 ~ 6.5（~ 10）cm，先端通常圆，截平、微凹或具小凸头，稀渐尖，基部楔形至近圆形，侧生小叶基部常偏斜，两面均被长柔毛，侧脉每边 4 ~ 5 条；叶柄长 2.5 ~ 7 cm，小叶柄长 5 ~ 8 mm。总状花序腋生，连总花梗长达 30 cm；花 1 ~ 3 朵聚生于花序轴近顶部的每一节上；小苞片 2，卵形，长 1.5 mm，着生在花梗的顶端；花萼钟状，长 1 ~ 1.2 cm，被短柔毛，上唇裂齿半圆形，长 3 ~ 4 mm，下唇 3 裂片小；花冠紫红色，旗瓣圆形，长约 2.5 cm，顶端凹入，翼瓣镰状，具耳，龙骨瓣长圆形，弯曲，具线形的耳；子房被绒毛。荚果线状长圆形，长 8 ~ 12 cm，宽 2 ~ 2.5 cm，厚约 1 cm，顶端具喙尖，离背缝线约 3 mm 处的两侧有纵棱。种子椭圆形，长 13 ~ 15 mm，宽 10 mm；种皮褐色；种脐长约 1 cm。花期 6 ~ 7 月。花粉红色，美丽，状如刀豆，惟小叶较厚而钝，且荚果亦较刀豆短而狭。

药用价值 | 种子含 0.2% ~ 4.4% 的有毒氨基酸刀豆氨酸，小鼠口服致死剂量 2g/kg，人中毒后头晕、呕吐，严重者昏迷。有抗代谢性和抗肿瘤性。

营养价值 | 含 β − 谷甾醇、β − 胡萝卜苷及多种黄酮物质。

食用部位 | 豆荚和种子。

食用方法 | 豆荚和种子经水煮沸，清水漂洗可供食用，但常因加工不当而发生中毒。

灰毛豆

Tephrosia purpurea (L.) Persoon.

别　　名｜灰叶、野青树、野青子、假靛青、野蓝靛、红花灰叶豆、毛青、山青、野兰靛、灰叶豆

分　　布｜分布于福建、台湾、广东、广西、云南。全球其他热带地区也有。生于山坡及旷野间。

采摘时间｜夏秋季采摘。

形态特征｜灌木状草本，高 30～60（～150）cm，多分枝。茎基部木质化，近直立或伸展，具纵棱，近无毛或被短柔毛。羽状复叶长 7～15 cm，叶柄短，托叶线状锥形，长约 4 mm；小叶 4～8(10) 对，椭圆状长圆形至椭圆状倒披针形，长 15～35 mm，宽 4～14 mm，先端钝，截形或微凹，具短尖，基部狭圆，上面无毛，下面被平伏短柔毛，侧脉 7～12 对，清晰，小叶柄长约 2 mm，被毛。总状花序顶生、与叶对生或生于上部叶腋，长 10～15 cm，较细；花每节 2（～4）朵，疏散；苞片锥状狭披针形，长 2～4 mm，花长约 8 mm；花梗细，长 2～4 mm，果期稍伸长，被柔毛；花萼阔钟状，长 2～4 mm，宽约 3 mm，被柔毛，萼齿狭三角形，尾状锥尖，近等长，长约 2.5 mm；花冠淡紫色，旗瓣扁圆形，外面被细柔毛，翼瓣长椭圆状倒卵形，龙骨瓣近半圆形；子房密被柔毛，花柱线形，无毛，柱头点状，无毛或稍被画笔状毛，胚珠多数。荚果线形，长 4～5 cm，宽 0.4～0.6 cm，稍上弯，顶端具短喙，被稀疏平伏柔毛，有种子 6 颗。种子灰褐色，具斑纹，椭圆形，长约 3 mm，宽约 1.5 mm，扁平；种脐位于中央。花期 3～10 月，果期 10～11月。

药用价值｜灰毛豆提取物具有抗氧化、降血糖、消炎抗肿瘤、抗菌杀虫等活性。

营养价值｜富含鱼藤酮、异黄酮和查耳酮。

食用部位｜全株。

食用方法｜煎服。

木 豆 | *Cajanus cajan* (L.) Huth Helios.

别 名 | 豆蓉、观音豆、树豆

分 布 | 中国云南、四川、江西、湖南、广西、广东、海南、浙江、福建、台湾、江苏。

采摘时间 | 7~8 月采收。

形态特征 | 直立灌木。高 1~3 m，多分枝，小枝有明显纵棱，被灰色短柔毛。叶具羽状 3 小叶，托叶小，卵状披针形，长 2~3 mm，叶柄长 1.5~5 cm，上面具浅沟，下面具细纵棱，略被短柔毛；小叶纸质，披针形至椭圆形，长 5~10 cm，宽 1.5~3 cm，先端渐尖或急尖，常有细凸尖，上面被极短的灰白色短柔毛，下面较密，呈灰白色，有不明显的黄色腺点，小托叶极小，小叶柄长 1~2 mm，被毛。总状花序长 3~7 cm；总花梗长 2~4 cm；花数朵生于花序顶部或近顶部；苞片卵状椭圆形；花萼钟状，长达 7 mm，裂片三角形或披针形，花序、总花梗、苞片、花萼均被灰黄色短柔毛；花冠黄色，长约为花萼的 3 倍，旗瓣近圆形，背面有紫褐色纵线纹，基部有附属体及内弯的耳，翼瓣微倒卵形，有短耳，龙骨瓣先端钝，微内弯；雄蕊二体，对旗瓣的 1 枚离生，其余 9 枚合生；子房被毛，有胚珠数枚，花柱长，线状，无毛，柱头头状。荚果线状长圆形，长 4~7 cm，宽 6~11 mm，于种子间具明显凹入的斜横槽，被灰褐色短柔毛，先端渐尖，具长的尖头。种子 3~6 颗，近圆形，稍扁，种皮暗红色，有时有褐色斑点。花、果期 2~11 月。

药用价值 | 清热解毒、补中益气、利水消食、排痈肿、止血止痢。治心虚、水肿、血淋、痔血、痈疽肿毒、痢疾、脚气。

营养价值 | 种子含苯丙氨酸、对羟基苯甲酸、γ－谷氨酰 -5- 甲基半胱氨酸、胰蛋白酶抑制剂、糜蛋白酶抑制剂；种芽含木豆异黄酮、木豆异黄烷酮醇；此外，叶中还含 3- 羟基 -5- 甲氧基芪 -2- 羧酸。

食用部位 | 果实。

食用方法 | 常作包点馅料，叫豆蓉。根入药能清热解毒。

牛大力

Callerya speciosa (Champ. ex Benth.) Schott.

别　　名 | 猪脚笠、金钟根、山莲藕、倒吊金钟、大力薯

分　　布 | 在中国主要分于福建、台湾、广西、广东、湖北、湖南，贵州、江西、海南等地。

采摘时间 | 秋季采收。

形态特征 | 攀援灌木，长 1～3 m。根系向下直伸，长逾 1 m。幼枝有棱角，披褐色柔毛，渐变无毛。叶互生；奇数羽状复叶，长 15～25 cm，叶柄长 3～4 cm，托叶披针形，宿存，小叶 7～17 片，具短柄，基部有针状托叶 1 对，宿存；叶片长椭圆形或长椭圆披针形，长 4～8 cm，宽 1.5～3 cm，先端钝短尖，基部钝圆，上面无毛，光亮，干时粉绿色，下面被柔毛或无毛，干时红褐色，边缘反卷。花两性，腋生，短总状花序稠密；花梗长 1～1.5 cm；花苞 2 裂；萼 5 裂，披针形，在最下面的一片最长；花冠略长于萼，粉红色，旗瓣秃净，圆形，基部白色，外有纵紫纹，翼瓣基部白色，有柄，前端紫色，龙骨瓣 2 片，基部浅白色，前部互相包着雌雄蕊；雄蕊 10，两体，花药黄色，圆形；雌蕊 1，子房上位。荚果长 8～10 mm，直径约 5 mm。种子 2 颗，圆形。花期 8～9 月，果期 10 月。

药用价值 | 具有平肝、润肺、养肾补虚、强筋活络之功效。主治腰肌劳损、风湿性关节炎、治肺热、肺虚咳嗽、肺结核、慢性支气管炎、慢性肝炎、遗精、白带。

营养价值 | 根中含多种黄酮类化合物。此外还含 5,7,3’,4’－四羟基 −6,8− 双异戊烯基异黄酮、千斤拔素、羽扇豆醇、β－谷甾醇以及碳原子数为 22～30 的正烷酸。

食用部位 | 根。

食用方法 | 煲汤。

酸豆 *Tamarindus indica* L.

别　　名 罗望子、酸角、酸子、印度枣、泰国甜角、酸梅树、酸荚

分　　布 在中国主要分布于台湾、福建、广东、广西，云南南部、中部和北部（金沙江河谷）。

采摘时间 果期 12 月至翌年 5 月均可采摘。

形态特征 乔木。高 10～15(25) m，胸径 30～50(90) cm。树皮暗灰色，不规则纵裂。小叶小，长圆形，长 1.3～2.8 cm，宽 5～9 mm，先端圆钝或微凹，基部圆而偏斜，无毛。花黄色或杂以紫红色条纹，少数；总花梗和花梗被黄绿色短柔毛；小苞片 2 枚，长约 1 cm，开花前紧包着花蕾；萼管长约 7 mm，檐部裂片披针状长圆形，长约 1.2 cm，花后反折；花瓣倒卵形，与萼裂片近等长，边缘波状，皱折；雄蕊长 1.2～1.5 cm，近基部被柔毛，花丝分离部分长约 7 mm，花药椭圆形，长 2.5 mm；子房圆柱形，长约 8 mm，微弯，被毛。荚果圆柱状长圆形，肿胀，棕褐色，长 5～14 cm，直或弯拱，常不规则地缢缩。种子 3～14 颗，褐色，有光泽。花期 5～8 月，果期 12月至翌年 5 月。

药用价值 果实入药，为清凉缓下剂，有驱风和抗坏血病之功效。

营养价值 酸豆果肉富含糖、醋酸、酒石酸、蚁酸、柠檬酸等成分。

食用部位 果实。

食用方法 酸豆可以生吃，嫩的连皮带肉整个都可以吃，如果果实过老，籽有苦味。也可拿来蘸辣椒盐，或腌制着吃味道会更好，还可以做成酸豆酱来吃，口味香甜浓郁，可养肝。

猪屎豆

Crotalaria pallida Ait.

别　　名｜白猪屎豆、野苦豆、大眼兰、野黄豆草、猪屎青、野花生、大马铃、水蓼竹、响铃草

分　　布｜在中国分布于山东、浙江、福建、台湾、湖南、广东、广西、四川、云南等地。

采摘时间｜秋季采收。

形态特征｜多年生草本，或呈灌木状；茎枝圆柱形，具小沟纹，密被紧贴的短柔毛。托叶极细小，刚毛状，通常早落；叶三出，柄长 2～4cm；小叶长圆形或椭圆形，长 3～6cm，宽 1.5～3cm，先端钝圆或微凹，基部阔楔形，上面无毛，下面略被丝光质短柔毛，两面叶脉清晰；小叶柄长 1～2mm。总状花序顶生，长达 25cm，有花 10～40 朵；苞片线形，长约 4mm；苞片早落，小苞片的形状与苞片相似，长约 2mm，花时极细小，长不及 1mm，生萼筒中部或基部；花梗长 3～5mm；花萼近钟形，长 4～6mm，5 裂，萼齿三角形，约与萼筒等长，密被短柔毛；花冠黄色，伸出萼外，旗瓣圆形或椭圆形，直径约 10mm，基部具胼胝体 2 枚，冀瓣长圆形，长约 8mm，下部边缘具柔毛，龙骨瓣最长，约 12mm，弯曲，几达 90°，具长喙，基部边缘具柔毛；子房无柄。荚果长圆形，长 3～4cm，直径 5～8mm，幼时被毛，成熟后脱落，果瓣开裂后扭转。种子 20～30 颗。花果期 9～12 月。

药用价值｜具有清热利湿、解毒散结之功效。用于痢疾、湿热腹泻、小便淋沥、小儿疳积、乳腺炎。猪屎豆种子及幼嫩叶有毒。

营养价值｜猪屎豆种子含猪屎豆碱、次猪屎豆碱、光萼猪屎豆碱、尼勒吉扔碱、猪屎青碱和全缘千里光碱等生物碱。尚含 β－谷甾醇、木犀草素、牡荆素、牡荆素木糖苷以及植物凝集素。

食用部位｜茎叶。

食用方法｜打去荚果及种子，鲜用或晒干煎汤。猪屎豆虽然具有一定的药用功效，但种子及幼嫩叶有毒，并不是所有人都可以食用，如果在野外看见猪屎豆，不要将它当做豆角食用。如果想用药，则需要在咨询过医生的建议以后，才能正确地使用。

海马齿 *Sesuvium portulacastrum* L.

别　　名 | 滨水菜、海马齿苋、蟳螯菜、猪母菜

分　　布 | 分布于热带和亚热带近海岸的沙地上。

采摘时间 | 全年。

形态特征 | 多年生肉质草本。茎平卧或匍匐，绿色或红色，有白色瘤状小点，多分枝，常节上生根，长20～50 cm。叶片厚，肉质，线状倒披针形或线形，长1.5～5 cm，顶端钝，中部以下渐狭成短柄状，基部变宽，边缘膜质，抱茎。花小，单生叶腋；花梗长5～15 mm；花被长6～8 mm，筒长约2 mm，裂片5，卵状披针形，外面绿色，里面红色，边缘膜质，顶端急尖；雄蕊15～40，着生花被筒顶部，花丝分离或近中部以下合生；子房卵圆形，无毛，花柱3，稀4或5。蒴果卵形，长不超过花被，中部以下环裂。种子小，亮黑色，卵形，顶端凸起。花期4～7月。

药用价值 | 海马齿具有高蛋白低脂肪的营养特点，含有丰富的水分，肉质多汁。总体营养价值高于红萝卜、马铃薯、莴苣笋、大白菜等多种常见野菜，属于营养价值稍高的植物。

营养价值 | 粗蛋白含量14.23%，脂肪含量2.16%，氨基酸61.31%，同时富含微量元素。

食用部位 | 全株。

食用方法 | 全株植物以水漂洗2～3次后煮熟可为野菜。

蕨菜

Pteridium aquilinum var. *latiucum* (Desv.) Unerw

别　　名 | 拳头菜、猫爪、龙头菜、鹿蕨菜、蕨儿菜、猫爪子、拳头菜、蕨苔

分　　布 | 中国大部分地区均有。多分布于稀疏针阔混交林。

采摘时间 | 海南一年四季都可采收，其他地区是夏季采收。

形态特征 | 植株高可达1m。根状茎长而横走，密被锈黄色柔毛，以后逐渐脱落。叶远生；柄长20 ~ 80 cm，基部粗3 ~ 6 mm，褐棕色或棕禾秆色，略有光泽，光滑，上面有浅纵沟1条；叶片阔三角形或长圆三角形，长30 ~ 60 cm，宽20 ~ 45 cm，先端渐尖，基部圆楔形，三回羽状；羽片4 ~ 6对，对生或近对生，斜展，基部一对最大（向上几对略变小），三角形，长15 ~ 25 cm，宽14 ~ 18 cm，柄长约3 ~ 5 cm，二回羽状；小羽片约10对，互生，斜展，披针形，长6 ~ 10 cm，宽1.5 ~ 2.5 cm，先端尾状渐尖（尾尖头的基部略呈楔形收缩），基部近平截，具短柄，一回羽状；裂片10 ~ 15对，平展，彼此接近，长圆形，长约14 mm，宽约5 mm，钝头或近圆头，基部不与小羽轴合生，分离，全缘；中部以上的羽片逐渐变为一回羽状，长圆披针形，基部较宽，对称，先端尾状，小羽片与下部羽片的裂片同形，部分小羽片的下部具1 ~ 3对浅裂片或边缘具波状圆齿；叶脉稠密，仅下面明显；叶干后近革质或革质，暗绿色，上面无毛，下面在裂片主脉上多少被棕色或灰白色的疏毛或近无毛；叶轴及羽轴均光滑，小羽轴上面光滑，下面被疏毛，少有密毛，各回羽轴上面均有深纵沟1条，沟内无毛。

药用价值 | 蕨菜味甘，性寒，入药有解毒、清热、润肠、化痰等功效，经常食用可降低血压、缓解头晕失眠。蕨菜还可以止泻利尿，其所含的膳食纤维能促进胃肠蠕动，具有下气通便、清肠排毒的作用，还可治疗风湿性关节炎、痢疾、咳血等病，并对麻疹、流感有预防作用。

营养价值 | 蕨菜嫩叶含胡萝卜素、维生素、蛋白质、脂肪、糖、粗纤维、钾、钙、镁、蕨素、蕨苷、乙酰蕨素、胆碱、甾醇。此外还含有18种氨基酸等。

食用部位 | 蕨菜根和一小部分茎都可食用，叶子已舒展开的蕨菜不应再食用。

食用方法 | 蕨菜可以冷食也可热食。蕨菜可鲜食或晒干菜，制作时用沸水烫后晒干即成。吃时用温水泡发，再烹制各种美味菜肴，鲜品在食用前也应先在沸水中浸烫一下后过凉，以清除其表面的黏质和土腥味，炒食适合配以鸡蛋、肉类。

橄 榄 *Canarium album* (Lour.) Raeusch.

别　　名｜黄榄、青果、山榄、白榄、红榄、青子、谏果、忠果

分　　布｜在中国主要分布于福建、台湾、广东、广西、海南、云南等地。

采摘时间｜9～10 月成熟，11 月为最佳摘果期。

形态特征｜乔木，高 10～35 m，胸径可达 150 cm。小枝粗 5～6 mm，幼部被黄棕色绒毛，很快变无毛；髓部周围有柱状维管束，稀在中央亦有若干维管束。有托叶，仅芽时存在，着生于近叶柄基部的枝干上；小叶 3～6 对，纸质至革质，披针形或椭圆形（至卵形），长 6～14 cm，宽 2～5.5 cm，无毛或在背面叶脉上散生了刚毛，背面有极细小疣状凸起，先端渐尖至骤狭渐尖，尖头长约 2 cm，钝，基部楔形至圆形，偏斜，全缘；侧脉 12～16 对，中脉发达。花序腋生，微被绒毛至无毛。雄花序为聚伞圆锥花序，长 15～30 cm，多花；雌花序为总状，长 3～6 cm，具花 12 朵以下；花疏被绒毛至无毛，雄花长 5.5～8 mm，雌花长约 7 mm；花萼长 2.5～3 mm，在雄花上具 3 浅齿，在雌花上近截平；雄蕊 6，无毛，花丝合生 1/2 以上（在雌花中几全长合生）；花盘在雄花中球形至圆柱形，高 1～1.5 mm，微 6 裂，中央有穴或无，上部有少许刚毛，在雌花中环状，略具 3 波状齿，高 1 mm，厚肉质，内面有疏柔毛；雌蕊密被短柔毛，在雄花中细小或缺。果序长 1.5～15 cm，具 1～6 果；果萼扁平，直径 0.5 cm，萼齿外弯；果卵圆形至纺锤形，横切面近圆形，长 2.5～3.5 cm，无毛，成熟时黄绿色；外果皮厚，干时有皱纹；果核渐尖，横切面圆形至六角形，在钝的肋角和核盖之间有浅沟槽，核盖有稍凸起的中肋，外面浅波状；核盖厚 1.5～3mm。种子 1～2，不育室稍退化。花期 4～5 月，果 10～12 月成熟。

药用价值｜中医认为，橄榄味甘酸，性平，人脾、胃、肺经，有清热解毒、利咽化痰、生津止渴、除烦醒酒之功，适用于咽喉肿痛、烦渴、咳嗽痰血等。《日华子本草》言其“开胃、下气、止泻”。《本草纲目》言其“生津液、止烦渴，治咽喉痛，咀嚼咽汁，能解一切鱼蟹毒”。《滇南本草》言其“治一切喉火上炎、大头瘟症，能解湿热、春温，生津止渴，利痰，解鱼毒、酒、积滞”。

营养价值｜橄榄营养丰富，果肉内含蛋白质、碳水化合物、脂肪、维生素 C 以及钙、磷、铁等矿物质，其中维生素 C 的含量是苹果的 10 倍，梨、桃的 5 倍，含钙量也很高，且易被人体吸收，尤适于女性、儿童食用。冬春季节，每日嚼食两三枚鲜橄榄，可防止上呼吸道感染，故民间有“冬春橄榄赛人参”之誉。国内外研究资料表明橄榄果实中还含有滨蒿内酯、东莨菪内酯、（E）-3,3- 二羟基 -4,4- 二甲氧基芪、没食子酸、逆没食子酸、短叶苏木酚、挥发油、黄酮类化合物、金丝桃苷和一些三萜类化合物。

食用部位｜果实。

食用方法｜橄榄与肉类炖汤有舒筋活络功效。

白　茅

Imperata cylindrica (L.) Beauv.

别　　名｜茅、茅针、茅根

分　　布｜分布于中国大部分地区。也分布于非洲北部、亚州中部，土耳其、伊拉克、伊朗，高加索及地中海区域。生于低山带平原河岸草地、沙质草甸、荒漠与海滨。

采摘时间｜春秋二季采挖。

形态特征｜多年生草本，具粗壮的长根状茎。秆直立，高 30～80 cm，具 1～3 节，节无毛。叶鞘聚集于秆基，甚长于其节间，质地较厚，老后破碎呈纤维状；叶舌膜质，长约 2 mm，紧贴其背部或鞘口具柔毛；分蘖叶片长约 20 cm，宽约 8 mm，扁平，质地较薄；秆生叶片长 1～3 cm，窄线形，通常内卷，顶端渐尖呈刺状，下部渐窄，或具柄，质硬，被有白粉，基部上面具柔毛。圆锥花序稠密，长 20cm，宽达 3 cm，小穗长 4.5～6 mm，基盘具长 12～16 mm 的丝状柔毛；两颖草质及边缘膜质，近相等，具 5～9 脉，顶端渐尖或稍钝，常具纤毛，脉间疏生长丝状毛；第一外稃卵状披针形，长为颖片的 2/3，透明膜质，无脉，顶端尖或齿裂，第二外稃与其内稃近相等，长约为颖之半，卵圆形，顶端具齿裂及纤毛；雄蕊 2 枚，花药长 3～4 mm；花柱细长，基部多少连合，柱头 2，紫黑色，羽状，长约 4 mm，自小穗顶端伸出。颖果椭圆形，长约 1 mm，胚长为颖果之半。花果期 4～6 月。

药用价值｜凉血止血、清热解毒。用于吐血、尿血、热淋、水肿、黄疸、小便不利、热病烦渴、胃热呕哕、咳嗽。

食用部位｜根部。

食用方法｜①干茅根：拣净杂质，洗净，微润，切段，晒干，簸净碎屑。②茅根炭：取茅根段，置锅内用武火炒至黑色，喷洒清水，取出，晒干。③煲汤：白茅根瘦肉汤、胡萝卜竹蔗茅根瘦肉汤、白茅根竹蔗煲猪骨、鲜白茅根猪肝汤、白茅根雪梨猪肺汤。

牛筋草 *Eleusine indica* (L.) Gaertn.

别　　名｜蟋蟀草、千金草、路边草、万斤草、千人拔、穆子草、牛顿草、鸭脚草、扁草、水枯草、稷子草

分　　布｜全球温带和热带地区。

采摘时间｜夏秋季节最佳。

形态特征｜一年生草本。根系极发达。秆丛生，基部倾斜，高 10～90 cm。叶鞘两侧压扁而具脊，松弛，无毛或疏生疣毛；叶舌长约 1 mm；叶片平展，线形，长 10～15 cm，宽 3～5 mm，无毛或上面被疣基柔毛。穗状花序 2～7 个指状着生于秆顶，很少单生，长 3～10 cm，宽 3～5 mm；小穗长 4～7 mm，宽 2～3 mm，含 3～6 小花；颖披针形，具脊，脊粗糙，第一颖长 1.5～2 mm，第二颖长 2～3 mm；第一外稃长 3～4 mm，卵形，膜质，具脊，脊上有狭翼，内稃短于外稃，具 2 脊，脊上具狭翼。囊果卵形，长约 1.5 mm，基部下凹，具明显的波状皱纹。鳞被 2，折叠，具 5 脉。花果期 6～10 月。

药用价值｜全草药用。性味甘、淡、平。祛风利湿、清热解毒、散瘀止血。用于防治乙脑、流脑、风湿关节痛、黄疸、小儿消化不良、泄泻、痢疾、小便淋痛；外用于跌打损伤，外伤出血，犬咬伤。

营养价值｜富含微量元素，黄酮类物质。

食用部位｜带根全草。

食用方法｜日常用量 36～110 g，水煎服。

草胡椒

Peperomia pellucida (L.) Kunth

别　　名 | 短穗草胡椒、透明草

分　　布 | 原产于热带美洲，已广布于各热带地区。分布于中国福建、广东、广西、云南各地区南部。生于林下湿地、石缝中或宅舍墙脚下。

采摘时间 | 夏秋季采收。

形态特征 | 一年生、肉质草本，高 20 ~ 40 cm。茎直立或基部有时平卧，分枝，无毛，下部节上常生不定根。叶互生，膜质，半透明，阔卵形或卵状三角形，长和宽近相等，1 ~ 3.5 cm，顶端短尖或钝，基部心形，两面均无毛；叶脉 5 ~ 7 条，基出，网状脉不明显；叶柄长 1 ~ 2 cm。穗状花序顶生或与叶对生，细弱，长 2 ~ 6 cm，其与花序轴均无毛；花疏生；苞片近圆形，直径约 0.5 mm，中央有细短柄，盾状；花药近圆形，有短花丝；子房椭圆形，柱头顶生，被短柔毛。浆果球形，顶端尖，直径约 0.5 mm。花期 4 ~ 7 月。

药用价值 | 有散瘀止痛的功效，用于烧、烫伤，跌打损伤。

营养价值 | 全株含欧芹脑、2,4,5- 三甲氧基苏合香烯、β - 谷甾醇、菜油甾醇、豆甾醇。

食用部位 | 全草。

食用方法 | 煎汤。

假　蒟 *Piper sarmentosum* Roxb.

别　　名｜蛤蒌、假蒌、山蒌

分　　布｜在中国主要分布于海南、广东、广西、福建、云南、贵州及西藏（墨脱）各地区。

采摘时间｜海南一年四季都可采收，其他地区是夏秋季采收。

形态特征｜多年生、匍匐、逐节生根草本，长数至 10 余米。小枝近直立，无毛或幼时被极细的粉状短柔毛。叶近膜质，有细腺点，下部的阔卵形或近圆形，长 7 ~ 14 cm，宽 6 ~ 13 cm，顶端短尖，基部心形或稀有截平，两侧近相等，腹面无毛，背面沿脉上被极细的粉状短柔毛；叶脉 7 条，干时呈苍白色，背面显著凸起，最上 1 对离基 1 ~ 2 cm 从中脉发出，弯拱上升至叶片顶部与中脉汇合，最外 1 对有时近基部分枝，网状脉明显；上部的叶小，卵形或卵状披针形，基部浅心形、圆、截平或稀有渐狭；叶柄长 2 ~ 5 cm，被极细的粉状短柔毛，匍匐茎的叶柄长可达 7 ~ 10 cm；叶鞘长约为叶柄之半。花单性，雌雄异株，聚集成与叶对生的穗状花序。雄花序长 1.5 ~ 2 cm，直径 2 ~ 3 mm；总花梗与花序等长或略短，被极细的粉状短柔毛；花序轴被毛；苞片扁圆形，近无柄，盾状，直径 0.5 ~ 0.6 mm；雄蕊 2 枚，花药近球形，2 裂，花丝长为花药的 2 倍。雌花序长 6 ~ 8 mm，于果期稍延长；总花梗与雄株的相同，花序轴无毛；苞片近圆形，盾状，直径 1 ~ 1.3 mm；柱头 4，稀有 3 或 5，被微柔毛。

药用价值｜温中散寒、祛风利湿、消肿止痛。根治风湿骨痛、跌打损伤、风寒咳嗽、妊娠和产后水肿；果序治牙痛、胃痛、腹胀、食欲不振等症。假蒟可滋阴，对于女性有减少色斑、调节内分泌、产后补气血等功效。

营养价值｜中药化学成分：叶含 a- 和 Y- 细辛脑，细辛醚，1- 烯丙基二甲氧基 -3,4- 亚甲二氧基苯，氢化桂皮酸，β - 谷甾醇。

食用部位｜全株。

食用方法｜中国广东、广西人包粽子时用假蒟叶包肥猪肉作馅，一是可以消除猪肉的肥腻，二是中和糯米的湿热、祛热毒。另外也用其叶子煮假蒟饭，假蒟叶摘回洗净，切成细丝，用油炒香，倒入预先用清水泡好的香米，加少量盐，继续翻炒片刻，即可倒入电饭锅像平常煲饭一样煲好即可。此外，假蒟叶、果穗或根可以做汤料。

苦　瓜

Momordica charantia L.

别　　名｜凉瓜

分　　布｜在中国主要分布于广西、海南、贵州西南部和云南南部及东南部。

采摘时间｜全年均可采。

形态特征｜一年生攀援状柔弱草本。多分枝，茎、枝被柔毛。卷须纤细，长达 20 cm，具微柔毛，不分歧。叶柄细，初时被白色柔毛，后变近无毛，长 4 ~ 6 cm；叶片轮廓卵状肾形或近圆形，膜质，长、宽均为 4 ~ 12 cm，上面绿色，背面淡绿色，脉上密被明显的微柔毛，其余毛较稀疏，5 ~ 7 深裂，裂片卵状长圆形，边缘具粗齿或有不规则小裂片，先端多半钝圆形稀急尖，基部弯缺半圆形；叶脉掌状。雌雄同株。雄花：单生叶腋，花梗纤细，被微柔毛，长 3 ~ 7 cm，中部或下部具 1 苞片；苞片绿色，肾形或圆形，全缘，稍有缘毛，两面被疏柔毛，长、宽均 5 ~ 15 mm；花萼裂片卵状披针形，被白色柔毛，长 4 ~ 6 mm，宽 2 ~ 3 mm，急尖；花冠黄色，裂片倒卵形，先端钝，急尖或微凹，长 1.5 ~ 2 cm，宽 0.8 ~ 1.2 cm，被柔毛；雄蕊 3，离生，药室 2 回折曲。雌花：单生，花梗被微柔毛，长 10 ~ 12 cm，基部常具 1 苞片；子房纺锤形，密生瘤状凸起，柱头 3，膨大，2 裂。果实纺锤形或圆柱形，多瘤皱，长 10 ~ 20 cm，成熟后橙黄色，由顶端 3 瓣裂。种子多数，长圆形，具红色假种皮，两端各具 3 小齿，两面有刻纹，长 1.5 ~ 2 cm，宽 1 ~ 1.5 cm。花、果期 5 ~ 10 月。

药用价值｜根截疟，全草退热，利水。主疮疡肿毒、发热、水肿。可清热、泻火、明目、降血压、消炎解毒、消肿利尿、消暑解热，用于热病欲饮、中暑、高血压、消渴症、目赤、胃痛、下痢、牙痛、糖尿病、肝炎、肝火大、膀胱炎等症。

食用部位｜果实、根、茎、叶。

食用方法｜鲜草：35 ~ 70g；小苦瓜干品：10 ~ 18.5g，水煎服。

马㼎儿 *Zehneria japonica* (Thunb.) H. Y. Liu

别　　名｜老鼠拉冬瓜、土花粉、土白蔹

分　　布｜在中国主要分布于江苏、福建、广东、广西、云南和海南等地。

采摘时间｜海南一年四季都可采收，其他地区是夏季、秋季采收。

形态特征｜多年生草质藤本。长 1～2 m，有不分枝卷须。根部分膨大成一串纺锤形块根，大小相同。茎纤细，柔弱。单叶互生，有细长柄；叶膜质，多型，三角状卵形、卵状心形或戟形，不分裂或 3～5 分裂，顶端急尖或稀短渐尖，基部弯缺半圆形。夏季开淡黄色花；雌雄同株，雄花单生或稀 2～3 朵生于短的总状花序上，花冠白色；雌花与雄花在同一叶腋内单生或稀双生，花冠阔钟形。果实卵形或近椭圆形，长 1～2 cm，橙黄色，果皮甚薄，内有多数扁平种子。种子灰白色。花期 4～7 月，果期 7～10 月。

药用价值｜清热解毒、消肿散结。用于咽喉肿痛、结膜炎，可清肝肺热、祛湿、利小便；外用治疮疡肿毒、淋巴结结核、睾丸炎、皮肤湿疹。

营养价值｜富含淀粉。

食用部位｜全株。

食用方法｜老鼠拉冬瓜蜜枣汤，有防暑、清热、生津、止咳化痰等功效。

茅　瓜

Solena heterophylla Lour.

别　　名 | 解毒草、老鼠瓜、山熊胆、金丝瓜、老鼠黄瓜、老鼠香瓜

分　　布 | 在中国主要分布于江西、海南、福建、台湾、广东、广西、四川、贵州、云南等地。

采摘时间 | 全年或秋冬季采挖。

形态特征 | 攀援草本。块根纺锤状，径粗 1.5 ~ 2 cm。茎、枝柔弱，无毛，具沟纹。叶柄纤细，短，长仅 0.5 ~ 1 cm，初时被淡黄色短柔毛，后渐脱落；叶片薄革质，多型，变异极大，卵形、长圆形、卵状三角形或戟形等，不分裂、3 ~ 5 浅裂至深裂，裂片长圆状披针形、披针形或三角形，长 8 ~ 12 cm，宽 1 ~ 5 cm，先端钝或渐尖，上面深绿色，稍粗糙，脉上有微柔毛，背面灰绿色；叶脉凸起，几无毛，基部心形，弯缺半圆形，有时基部向后靠合，边缘全缘或有疏齿。卷须纤细，不分歧。雌雄异株。雄花：10 ~ 20 朵生于 2 ~ 5 mm 长的花序梗顶端，呈伞房状花序；花极小，花梗纤细，长 2 ~ 8 mm，几无毛；花萼筒钟状，基部圆，长 5 mm，直径 3 mm，外面无毛，裂片近钻形，长 0.2 ~ 0.3 mm；花冠黄色，外面被短柔毛，裂片开展，三角形，长 1.5 mm，顶端急尖；雄蕊 3，分离，着生在花萼筒基部，花丝纤细，无毛，长约 3 mm，花药近圆形，长 1.3 mm，药室弧状弓曲，具毛。雌花：单生于叶腋；花梗长 5 ~ 10 mm，微被柔毛；子房卵形，长 2.5 ~ 3.5 mm，直径 2 ~ 3 mm，无毛或疏被黄褐色柔毛，柱头 3。果实红褐色，长圆状或近球形，长 2 ~ 6 cm，直径 2 ~ 5 cm，表面近平滑。种子数颗，灰白色，近圆球形或倒卵形，长 5 ~ 7 mm，直径 5 mm，边缘不拱起，表面光滑无毛。花期 5 ~ 8 月，果期 8 ~ 11 月。

药用价值 | 清热解毒、化瘀散结、化痰利湿。用于疮痈肿毒、烫火伤、肺痈咳嗽、咽喉肿痛、水肿腹胀、腹泻、痢疾、酒疸、湿疹、风湿痹痛等。

营养价值 | 块根含酮、酸、甾体、二十四烷酸、二十三烷酸、山萮酸、Δ7- 豆甾烯醇、葫芦箭毒素、瓜氨酸、精氨酸、赖氨酸、γ- 氨基丁酸、天冬氨酸和谷氨酸等，还含钾、镁、钙、磷、钡、钛、锰、钴、铬、铜、镍、锶、锌等无机元素。

食用部位 | 根茎。

食用方法 | 洗净，刮去粗皮，切片，鲜用或晒干。

鸡蛋花 *Plumeria rubra* L. 'Acutifolia'

别　　名｜缅栀子、蛋黄花、印度素馨、大季花、鸭脚木

分　　布｜中国广东、广西、云南、福建等地区有栽培，在云南南部山中有逸为野生的。原产于墨西哥，现广植于亚洲热带及亚热带地区。

采摘时间｜5～10 月。

形态特征｜落叶小乔木，高约 5 m，最高可达 8 m，胸径 15～20 cm。枝条粗壮，带肉质，具丰富乳汁，绿色，无毛。叶厚纸质，长圆状倒披针形或长椭圆形，长 20～40 cm，宽 7～11 cm，顶端短渐尖，基部狭楔形，叶面深绿色，叶背浅绿色，两面无毛；中脉在叶面凹入，在叶背略凸起，侧脉两面扁平，每边 30～40 条，未达叶缘网结成边脉；叶柄长 4～7.5 cm，上面基部具腺体，无毛。聚伞花序顶生，长 16～25 cm，宽约 15 cm，无毛；总花梗三歧，长 11～18 cm，肉质，绿色；花梗长 2～2.7 cm，淡红色；花萼裂片小，卵圆形，顶端圆，长和宽约 1.5 mm，不张开而压紧花冠筒；花冠外面白色，花冠筒外面及裂片外面左边略带淡红色斑纹，花冠内面黄色，直径 4～5 cm，花冠筒圆筒形，长 1～1.2 cm，直径约 4 mm，外面无毛，内面密被柔毛，喉部无鳞片；花冠裂片阔倒卵形，顶端圆，基部向左覆盖，长 3～4 cm，宽 2～2.5 cm；雄蕊着生在花冠筒基部，花丝极短，花药长圆形，长约 3 mm；心皮 2，离生，无毛，花柱短，柱头长圆形，中间缢缩，顶端 2 裂；每心皮有胚株多颗。蓇葖果双生，广歧，圆筒形，向端部渐尖，长约 11 cm，直径约 1.5 cm，绿色，无毛。种子斜长圆形，扁平，长 2 cm，宽 1 cm，顶端具膜质的翅，翅长约 2 cm。花期 5～10 月，栽培极少结果，果期一般为 7～12 月。

药用价值｜鸡蛋花经晾晒干后可以作为中药。可清热解暑、润肺润喉、治疗咽喉疼痛等疾病。主治感冒发热、肺热咳嗽、湿热黄疸、泄泻痢疾、尿路结石。

营养价值｜具有多种萜类、黄酮、醇类、脂肪酸等。

食用部位｜花。

食用方法｜在广东地区常将白色的鸡蛋花晾干作凉茶饮料，如罗汉果五花茶。

闭鞘姜

Costus speciosus (Koen.) Smith

别　　名 | 雷公笋、白头到老、广商陆、水蕉花、象甘蔗、樟柳头、白石笋、山冬笋

分　　布 | 分布于中国台湾、广东、广西、云南和海南等地。热带亚洲广布，东南亚及南亚地区也有分布。

采摘时间 | 四季可采，以秋末为宜。

形态特征 | 多年生草本。株高 1 ~ 3 m，基部近木质，顶部常分枝，旋卷。叶片长圆形或披针形，长 15 ~ 20 cm，宽 6 ~ 10 cm，顶端渐尖或尾状渐尖，基部近圆形，叶背密被绢毛。穗状花序顶生，椭圆形或卵形，长 5 ~ 15 cm；苞片卵形，革质，红色，长 2 cm，被短柔毛，具增厚及稍锐利的短尖头；小苞片长 1.2 ~ 1.5 cm，淡红色；花萼革质，红色，长 1.8 ~ 2 cm，3 裂，嫩时被绒毛；花冠管短，长 1 cm，裂片长圆状椭圆形，长约 5 cm，白色或顶部红色；唇瓣宽喇叭形，纯白色，长 6.5 ~ 9 cm，顶端具裂齿及皱波状；雄蕊花瓣状，长约 4.5 cm，宽 1.3 cm，上面被短柔毛，白色，基部橙黄。蒴果稍木质化，长 1.3 cm，红色。种子黑色，光亮，长 3 mm。花期 7 ~ 9 月，果期 9 ~ 11 月。闭鞘姜俗称“白头到老”，主要指其开花时每次从下向上只开放两朵白花，直开到顶端花谢为止。因此，花的采收在其开花时就可进行，也可等其花穗足够长而大时采收。

药用价值 | 根茎供药用，有消炎利尿、散瘀消肿的功效。利水消肿、解毒止痒，用于百日咳、肾炎水肿、尿路感染、肝硬化腹水、小便不利；外用治荨麻疹、疮疖肿毒、中耳炎。含有丰富的皂苷、总黄酮，心血管疾病、高血压、糖尿病患者常年食用有特别功效，能提高人体免疫力。

营养价值 | 含有丰富的皂苷、总黄酮，对心血管、高血压、糖尿病患者常年食用有特别功效，能提高人体免疫力，其肉质厚、质鲜嫩脆、清香可口，是不可多得的、增进健康的无公害绿色食品。

食用部位 | 嫩茎。

食用方法 | 鲜食或将茎制成酸笋。鲜茎食用方法：将嫩茎切成片后于沸水中煮 2 ~ 3 min 后炒食或煮汤或凉拌。花亦可食，炒食或煮汤，既美观又美味。但根头新鲜时有毒，不可鲜食根头。腌制方法：将煮沸的米饭水冷却后加入少许盐，放入切成段的嫩茎腌渍，5 ~ 7 天发出诱人酸味时可食用。制成的笋呈浅黄，可生食凉拌或炒、煮食，加入鱼、肉等同煮味更佳，食后清凉开胃、清热解毒、清肝明目、降血压，有治疗便秘和消食、利尿等多种食疗功效。酸雷公笋汤是清热解毒良药，一年四季常喝雷公笋汤，可少生病。

大良姜 *Alpinia galanga* (L.) Swartz

别　　名｜大高良姜、红豆蔻

分　　布｜分布于中国东南部、南部至西南部各地区。

采摘时间｜秋季果实变红时采收，2～3 月采挖根茎。

形态特征｜多年生草本。株高达 2 m，根茎块状，稍有香气。叶片长圆形或披针形，长 25～35 cm，宽 6～10 cm，顶端短尖或渐尖，基部渐狭，两面均无毛或于叶背被长柔毛，干时边缘褐色；叶柄短，长约 6 mm；叶舌近圆形，长约 5 mm。圆锥花序密生多花，长 20～30 cm，花序轴被毛，分枝多而短，长 2～4 cm，每一分枝上有花 3～6 朵；苞片与小苞片均迟落，小苞片披针形，长 5～8 mm；花绿白色，有异味；萼筒状，长 6～10 mm，果时宿存；花冠管长 6～10 mm，裂片长圆形，长 1.6～1.8 cm；侧生退化雄蕊细齿状至线形，紫色，长 2～10 mm；唇瓣倒卵状匙形，长达 2 cm，白色而有红线条，深 2 裂；花丝长约 1 cm，花药长约 7 mm。果长圆形，长 1～1.5 cm，宽约 7 mm，中部稍收缩，熟时棕色或枣红色，平滑或略有皱缩，质薄，不开裂，手捻易破碎，内有种子 3～6 颗。花期 5～8 月，果期 9～11 月。

药用价值｜果实供药用，称红豆蔻，有去湿、散寒、醒脾、消食的功效。根茎亦供药用，称大高良姜，味辛、性热，能散寒、暖胃、止痛，用于胃脘冷痛，脾寒吐泻。

营养价值｜富含黄酮、桉叶素及挥发油。

食用部位｜根茎。

食用方法｜用作调料。

高良姜

Alpinia officinarum Hance

别　　名｜南姜、蜜姜、风姜、小良姜

分　　布｜分布于中国广东、广西。

采摘时间｜夏末秋初采挖。

形态特征｜多年生草本。株高 40～110 cm，根茎延长，圆柱形。叶片线形，长 20～30 cm，宽 1.2～2.5 cm，顶端尾尖，基部渐狭，两面均无毛，无柄；叶舌薄膜质，披针形，长 2～3 cm，有时可达 5 cm，不 2 裂。总状花序顶生，直立，长 6～10 cm，花序轴被绒毛；小苞片极小，长不逾 1 mm；小花梗长 1～2 mm；花萼管长 8～10 mm，顶端 3 齿裂，被小柔毛；花冠管较萼管稍短，裂片长圆形，长约 1.5 cm，后方的一枚兜状；唇瓣卵形，长约 2 cm，白色而有红色条纹，花丝长约 1 cm，花药长 6 mm；子房密被绒毛。果球形，直径约 1 cm，熟时红色。花期 4～9 月，果期 5～11 月。

药用价值｜温胃、祛风、散寒、行气、止痛。治脾胃中寒、脘腹冷痛、呕吐泄泻、噎膈反胃、食滞、瘴疟、冷癖。

营养价值｜根茎含挥发油 0.5%～1.5%，其主要成分是 1,8- 桉叶素和桂皮酸甲酯，尚有丁香油酚、蒎烯、毕澄茄烯等。根茎尚含黄酮类高良姜素、山柰素、山奈酚、槲皮素、异鼠李素等，以及一种辛辣成分，称高良姜酚。

食用部位｜根茎。

食用方法｜用作调料。

红球姜 *Zingiber zerumbet* (L.) Roscoe ex Smith

分　　布丨分布于中国台湾、海南、广东、广西和云南，亚洲热带和印度等地。亚洲热带地区广布。

采摘时间丨10～11 月。

形态特征丨多年生草本。株高 0.6～2 m，具块状根茎，内部淡黄色。叶成二列，叶鞘抱茎；叶片披针形至长圆状披针形，长 15～40 cm，宽 3～8 cm，无毛或背面被疏长柔毛；无柄或具短柄；叶舌长 1.5～2 cm。穗状花序着生于花茎顶端，近长圆形，松果状；苞片密集，覆瓦状排列，幼时绿色，后转红色；小花具细长花冠筒，檐部 3 裂，白色；总花梗长 10～30 cm，被 5～7 枚鳞片状鞘；花序球果状，顶端钝，长 6～15 cm，宽 3.5～5 cm；苞片覆瓦状排列，紧密，近圆形，长 2～3.5 cm，初时淡绿色，后变红色，边缘膜质，被小柔毛，内常贮有黏液；花萼长 1.2～2 cm，膜质，一侧开裂；花冠管长 2～3 cm，纤细，裂片披针形，淡黄色，后方的一枚长，长 1.5～2.5 cm；唇瓣淡黄色，中央裂片近圆形或近倒卵形，长 1.5～2 cm，宽约 1.5 cm，顶端 2 裂，侧裂片倒卵形，长约 1 cm；雄蕊长 1 cm，药隔附属体喙状，长 8 mm。蒴果椭圆形，长 8～12 mm。种子黑色。花期 7～9 月，果期 10 月。

药用价值丨根茎能祛瘀消肿、解毒止痛。用于脘腹胀痛、消化不良、泄泻、跌打肿痛及解毒。

营养价值丨含球姜酮等物质。

食用部位丨嫩茎叶，根。

食用方法丨嫩茎叶可作蔬菜食用，亦可作调料。

火炬姜

Etlingera elatior (Jack) R. M. Sm.

别　　名 | 姜荷花、瓷玫瑰、菲律宾蜡花

分　　布 | 原产非洲、南美洲墨西哥和亚洲菲律宾、马来西亚等热带地区。中国广东、福建、台湾、云南等地有引种栽培。

采摘时间 | 一年四季均可采摘。

形态特征 | 多年生大型草本。一般茎枝成丛生长，在原产地株高可达 10 m 以上，在我国栽培一般仅 2～5 m。茎秆被叶鞘所包。叶互生，2 行排列，叶片绿色，线形至椭圆形或椭圆状披针形，叶长 30～60 cm，光滑，有光泽。花为基生的头状花序，圆锥形球果状，似熊熊燃烧的火炬，故名火炬姜；花序在春、夏、秋三季从地下茎抽出，高可达 1～2 m，直径为 15～20 cm；花柄粗壮；苞片粉红色，肥厚，瓷质或蜡质，有光泽；花上部唇瓣金黄色，十分妖娆艳丽，又似含苞待放的玫瑰，故又名瓷玫瑰。瓷玫瑰常年可看到花朵的盛花期为 5～10 月。火炬姜还有 1 个变种，其茎秆、叶片均为紫红色，花朵为深红色，较为稀有。

营养价值 | 叶子中有三种咖啡因基酸，多种类黄酮，槲皮苷等。

食用部位 | 花、茎、叶。

食用方法 | 用嫩苞叶凉拌或炒鸡蛋。花茎入食：切碎加入罗惹（rojak）以及切丝拌入沙拉或酱料。此外，烹煮鱼汤或鱼肉咖喱时，加入切半的花蕾，有助去除鱼腥。

姜 黄 *Curcuma longa* L.

别 名 | 郁金、宝鼎香、毫命、黄丝、黄姜

分 布 | 产自中国台湾、江西、福建、广东、广西、四川、云南和西藏等地区。东亚及东南亚广泛栽培。

采摘时间 | 12 月下旬。

形态特征 | 多年生草本。株高 1 ~ 1.5 m，根茎很发达，成丛，分枝很多，椭圆形或圆柱状，橙黄色，极香；根粗壮，末端膨大呈块根。叶每株 5 ~ 7 片，叶片长圆形或椭圆形，长 30 ~ 90 cm，宽 15 ~ 18 cm，顶端短渐尖，基部渐狭，绿色，两面均无毛；叶柄长 20 ~ 45 cm。花莛由叶鞘内抽出，总花梗长 12 ~ 20 cm；穗状花序圆柱状，长 12 ~ 18 cm，直径 4 ~ 9 cm；苞片卵形或长圆形，长 3 ~ 5 cm，淡绿色，顶端钝，上部无花的较狭，顶端尖，开展，白色，边缘染淡红晕；花萼长 8 ~ 12 mm，白色，具不等的钝 3 齿，被微柔毛；花冠淡黄色，管长达 3 cm，上部膨大，裂片三角形，长 1 ~ 1.5 cm，后方的 1 片稍较大，具细尖头；侧生退化雄蕊比唇瓣短，与花丝及唇瓣的基部相连成管状；唇瓣倒卵形，长 1.2 ~ 2 cm，淡黄色，中部深黄，花药无毛，药室基部具 2 角状的距；子房被微毛。花期 8 月，果期 9 月。

药用价值 | 姜黄能行气破瘀、通经止痛。主治胸腹胀痛、肩臂痹痛、心痛难忍、产后血痛、疮癣初发、月经不调、闭经、跌打损伤。

营养价值 | 姜黄含挥发油 4.5% ~ 6.0%，挥发油中含姜黄酮 58.0%、姜油烯 25.0%、水芹烯 1.0%、1,8- 桉叶素 1.0%、香桧烯 0.5%、龙脑 0.5%、去氢姜黄酮等，还含姜黄素 0.3% 及阿拉伯糖 1.1%，果糖 12.0%、葡萄糖 28.0%，脂肪油、淀粉、草酸盐等。

食用部位 | 根茎。

食用方法 | 可做姜黄咖喱炒饭、姜黄花卷、姜黄豆腐蒸蛋、姜黄盐焗鸡翅和姜黄炝莲藕等。

艳山姜

Alpinia zerumbet (Pers.) Burtt. et Smith

别　　名｜艳山红、枸姜、彩叶姜、野山姜、大草寇、瀛水月桃、虎子花、熊竹兰、砂红、假砂仁、土砂仁、玉桃、月桃

分　　布｜在中国分布于海南、广西、广东、香港、福建、四川、湖南及浙江东南部、贵州南部、江苏西南部等。热带亚洲广布。

采摘时间｜7～10 月。

形态特征｜株高 2～3 m。叶片披针形，长 30～60 cm，宽 5～10 cm，顶端渐尖而有一旋卷的小尖头，基部渐狭，边缘具短柔毛，两面均无毛；叶柄长 1～1.5 cm；叶舌长 5～10 mm，外被毛。圆锥花序呈总状花序式，下垂，长达 30 cm，花序轴紫红色，被绒毛，分枝极短，在每一分枝上有花 1～3 朵；小苞片椭圆形，长 3～3.5 cm，白色，顶端粉红色，蕾期包裹住花，无毛；小花梗极短；花萼近钟形，长约 2 cm，白色，顶粉红色，一侧开裂，顶端又齿裂；花冠管较花萼为短，裂片长圆形，长约 3 cm，后方的 1 枚较大，乳白色，顶端粉红色，侧生退化雄蕊钻状，长约 2 mm；唇瓣匙状宽卵形，长 4～6 cm，顶端皱波状，黄色而有紫红色纹彩；雄蕊长约 2.5 cm；子房被金黄色粗毛；腺体长约 2.5 mm。蒴果卵圆形，直径约 2 cm，被稀疏的粗毛，具显露的条纹，顶端常冠以宿萼，熟时朱红色。种子有棱角。花期 4～6 月，果期 7～10 月。

药用价值｜根状茎和果实，辛、涩、温，燥湿祛寒、除痰截疟、健脾暖胃。用于脘腹冷痛、胸腹胀满、痰湿积滞、消化不良，呕吐腹泻、咳嗽。

营养价值｜富含蛋白质、氨基酸、可溶性糖及矿质元素等。

食用部位｜茎、叶。

食用方法｜用艳山姜叶包裹粽子、黄粑。嫩茎可作姜的替代品。

益　智 *Alpinia oxyphylla* Miq.

别　　名｜益智仁、益智子、摘芋子

分　　布｜分布于中国海南、广东、湖北、广西、云南和福建等地。

采摘时间｜夏秋间果实由绿变红时采收。

形态特征｜多年生草本。株高 1～3 m，茎丛生；根茎短，长 3～5 cm。叶片披针形，长 25～35 cm，宽 3～6 cm，顶端渐狭，具尾尖，基部近圆形，边缘具脱落性小刚毛；叶柄短；叶舌膜质，2 裂，长 1～2 cm，稀更长，被淡棕色疏柔毛。总状花序在花蕾时全部包藏于一帽状总苞片中，花时整个脱落；花序轴被极短的柔毛；小花梗长 1～2 mm；大苞片极短，膜质，棕色；花萼筒状，长 1.2 cm，一侧开裂至中部，先端具 3 齿裂，外被短柔毛；花冠管长 8～10 mm，花冠裂片长圆形，长约 1.8 cm，后方的 1 枚稍大，白色，外被疏柔毛；侧生退化雄蕊钻状，长约 2 mm；唇瓣倒卵形，长约 2 cm，粉白色而具红色脉纹，先端边缘皱波状；花丝长 1.2 cm，花药长约 7 mm；子房密被绒毛。蒴果鲜时球形，干时纺锤形，长 1.5～2 cm，宽约 1 cm，被短柔毛，果皮上有隆起的维管束线条，顶端有花萼管的残迹。种子不规则扁圆形，被淡黄色假种皮。花期 3～5 月，果期 4～9 月。

药用价值｜果实供药用，有益脾胃、理元气、补肾虚、滑沥的功用。治脾胃（或肾）虚寒所致的泄泻、腹痛、呕吐、食欲不振、唾液分泌增多、遗尿、小便频数等症。

营养价值｜从益智仁中分离得桉油精、4- 萜品烯醇、α－松油醇、β－榄香烯、α－依兰油烯、姜烯、绿叶烯等 17 种成分。从所含精油（0.7%）中分出蒎烯、1,8- 桉叶素、樟脑、姜醇等。尚含有多种微量元素、丰富的 B 族维生素与维生素 C 以及 17 种氨基酸，其中锌、锰、维生素 B1、维生素 B2、谷氨酸及天门冬氨酸含量最高。

食用部位｜果仁。

食用方法｜益智仁羊肉汤：取鲜嫩羊肉、淮山药、益智仁煲汤。益智仁山药粥：将益智仁、猪棒子骨、老生姜、山药（鲜品去皮、洗净、切块），煮稀烂粥。茯苓益智仁粥：将益智仁和白茯苓研为细末。糯米煮粥，调入药末，稍煮片刻，待粥稠即可。

箭叶秋葵

Abelmoschus sagittifolius (Kurz) Merr.

别　　名　铜皮、五指山参、小红芙蓉、岩酸、榨桐花

分　　布　主要分布在云南文山、西双版纳、临沧、怒江、保山等地，海拔 900～1600 m 的低丘、草坡、旷地、稀疏松林下或干燥的瘠地常见。

采摘时间　海南一年四季都可采收，其他地区是夏秋季采收。

形态特征　多年生草本。高 40～100 cm，具萝卜状肉质根，小枝被糙硬长毛。叶形多样，下部的叶卵形，中部以上的叶卵状戟形、箭形至掌状 3～5 浅裂或深裂，裂片阔卵形至阔披针形，长 3～10 cm，先端钝，基部心形或戟形，边缘具锯齿或缺刻，上面疏被刺毛，下面被长硬毛；叶柄长 4～8 cm，疏被长硬毛。花单生于叶腋；花梗纤细，长 4～7 cm，密被糙硬毛；小苞片 6～12，线形，宽 1～1.7 mm，长约 1.5 cm，疏被长硬毛；花萼佛焰苞状，长约 7 mm，先端具 5 齿，密被细绒毛；花红色或黄色，直径 4～5 cm；花瓣倒卵状长圆形，长 3～4 cm；雄蕊柱长约 2 cm，平滑无毛；花柱 5，柱头扁平。蒴果椭圆形，长约 3 cm，直径约 2 cm，被刺毛，具短喙。种子肾形，具腺状条纹。花期 5～9 月。

药用价值　根入药，用于治肺燥咳嗽、肺痨、胃痛、疳积、神经衰弱；外用作祛瘀消肿、跌打扭伤和接骨药。越南北部以根作止痢和滋补剂。

营养价值　箭叶秋葵根茎粗蛋白含量为 9.22%，可溶性蛋白含量为 2.04%，含有 17 种氨基酸，水解样总氨基酸含量为 6.18%(含色氨酸)，游离样总氨基酸含量为 1.45%(含色氨酸)，其中天冬氨酸含量均为最高。箭叶秋葵根茎粗脂肪含量为 17.57%，饱和脂肪酸含量占总脂肪酸含量 33.16%，其中棕榈酸含量 27.20%，硬脂酸含量 5.96%；不饱和脂肪酸含量占总脂肪酸含量 42.24%，其中油酸含量 8.46%，亚油酸含量 28.85%，亚麻酸含量 4.93%；未知脂肪酸含量共占总脂肪酸含量 24.59%。箭叶秋葵根茎总糖含量为 55.75%，可溶性糖含量为 4.41%，还原糖含量为 2.08%，纤维素含量为 4.35%。箭叶秋葵根茎钙、铁、锌、锰、铜、钾、镁含量分别为 399.60 mg/100g、12.32 mg/100g、5.35 mg/100g、1.40 mg/100g、1.15 mg/100g、341.43 mg/ 100g、129.78 mg/100g。

食用部位　果实。

食用方法　将其切成片儿之后可以用来煲汤或者煲粥喝。另外，它还可以用来泡酒，直接将原根洗净放入酒中浸泡即可。

磨盘草 *Abutilon indicum* (L.) Sweet

别　　名｜金花草、磨挡草、耳响草、帽笼子、磨笼子、木磨子、磨盆草、苘麻、白麻、磨谷子、磨龙子、复盆子、半截磨、磨仔草、假茶仔、牛响草、磨砻草、磨盘花、累子草、米兰草、帽子盾、倒绋草、四米草、研仔盾草

分　　布｜分布于中国福建、台湾、云南、贵州、广东、广西等地。

采摘时间｜夏秋季采摘。

形态特征｜一年生或多年生直立的亚灌木状草本。高达 1～2.5 m，分枝多，全株均被灰色短柔毛。叶卵圆形或近圆形，长 3～9 cm，宽 2.5～7 cm，先端短尖或渐尖，基部心形，边缘具不规则锯齿，两面均密被灰色星状柔毛；叶柄长 2～4 cm，被灰色短柔毛和疏丝状长毛，毛长约 1 mm；托叶钻形，长 1～2 mm，外弯。花单生于叶腋；花梗长达 4 cm，近顶端具节，被灰色星状柔毛；花萼盘状，绿色，直径 6～10 mm，密被灰色柔毛，裂片 5，宽卵形，先端短尖；花黄色，直径 2～2.5 cm；花瓣 5，长 7～8 mm；雄蕊柱被星状硬毛；心皮 15～20，成轮状，花柱 5，柱头头状。果为倒圆形似磨盘，直径约 1.5 cm，黑色。分果片 15～20，先端截形，具短芒，被星状长硬毛。种子肾形，被星状疏柔毛。花期 7～10 月，果期 10～12 月。

药用价值｜有疏风清热、化痰止咳、消肿解毒之功效。用于感冒、发热、咳嗽、泄泻、中耳炎、耳聋、咽炎、腮腺炎、尿路感染、疮痈肿毒、跌打损伤。

营养价值｜磨盘草全草含黄酮苷、酚类、氨基酸、有机酸和糖类。黄酮苷有棉花皮苷、棉花皮次苷、矢车菊素 -3- 芦丁糖苷。

食用部位｜全草。

食用方法｜煎汤或炖肉。

朱　槿

Hibiscus rosa-sinensis L.

别　　名｜扶桑、赤槿、佛桑、红木槿、桑槿、大红花、状元红

分　　布｜原产于中国南部，福建、台湾、海南、广东、广西、云南、四川等地均有分布。

采摘时间｜南方一年四季可采摘，5～10 月盛花期。

形态特征｜常绿灌木。株高 1～3 m，小枝圆柱形，疏被星状柔毛。叶阔卵形或狭卵形，长 4～9 cm，宽 25 cm，先端渐尖，基部圆形或楔形，边缘具粗齿或缺刻，两面除背面沿脉上有少许疏毛外均无毛；叶柄长 5～20 mm，上面被长柔毛；托叶线形，长 5～12 mm，被毛。花单生于上部叶腋间，常下垂；花梗长 3～7 cm，疏被星状柔毛或近平滑无毛，近端有节；小苞片 6～7，线形，长 8～15 mm，疏被星状柔毛，基部合生；花萼钟形，长约 2 cm，被星状柔毛，裂片 5，卵形至披针形；花冠漏斗形，直径 6～10 cm，玫瑰红色或淡红、淡黄等色；花瓣倒卵形，先端圆，外面疏被柔毛；雄蕊柱长 4～8 cm，平滑无毛。蒴果卵形，长约 2.5 cm，平滑无毛，有喙。花期全年。

药用价值｜清肺、化痰、凉血、解毒。治痰火咳嗽、鼻衄、痢疾、赤白浊、痈肿、毒疮。

营养价值｜花含棉花素、槲皮苷、矢车菊葡萄糖苷、维生素等。

食用部位｜花蕾。

食用方法｜可鲜食或是与其他野菜煮食。朱槿往往作为菠菜的替代品食用，可以起到与菠菜类似的食用价值，也常常被制作成腌菜，日常食用。

艾 | *Artemisia argyi* H. Lév. et Van.

别　　名｜萧茅、冰台、遏草、香艾、蕲艾、艾萧、艾蒿、蓬藁、灸草、医草、黄草、艾绒

分　　布｜分布广，除极干旱与高寒地区外，几遍及全国。生于低海拔至中海拔地区的荒地、路旁河边及山坡等地，也见于森林草原及草原地区，局部地区为植物群落的优势种。

采摘时间｜海南一年四季都可采收，其他地区是夏季采收。

形态特征｜多年生草本或略成半灌木状，植株有浓烈香气。主根明显，略粗长，直径达 1.5 cm，侧根多；常有横卧地下根状茎及营养枝。茎单生或少数，高 80～150（～250）cm，有明显纵棱，褐色或灰黄褐色，基部稍木质化，上部草质，并有少数短的分枝，枝长 3～5 cm；茎、枝均被灰色蛛丝状柔毛。叶厚纸质，上面被灰白色短柔毛，并有白色腺点与小凹点，背面密被灰白色蛛丝状密绒毛；基生叶具长柄，花期萎谢；茎下部叶近圆形或宽卵形，羽状深裂，每侧具裂片 2～3 枚，裂片椭圆形或倒卵状长椭圆形，每裂片有 2～3 枚小裂齿，干后背面主、侧脉多为深褐色或锈色，叶柄长 0.5～0.8 cm；中部叶卵形、三角状卵形或近菱形，长 5～8 cm，宽 4～7 cm，一（至二）回羽状深裂至半裂，每侧裂片 2～3 枚，裂片卵形、卵状披针形或披针形，长 2.5～5 cm，宽 1.5～2 cm，不再分裂或每侧有 1～2 枚缺齿，叶基部宽楔形渐狭成短柄，叶脉明显，在背面凸起，干时锈色，叶柄长 0.2～0.5 cm，基部通常无假托叶或极小的假托叶；上部叶与苞片叶羽状半裂、浅裂或 3 深裂或 3 浅裂，或不分裂，而为椭圆形、长椭圆状披针形、披针形或线状披针形。头状花序椭圆形，直径 2.5～3.5 mm，无梗或近无梗，每数枚至 10 余枚在分枝上排成小型的穗状花序或复穗状花序，并在茎上通常再组成狭窄、尖塔形的圆锥花序，花后头状花序下倾；总苞片 3～4 层，覆瓦状排列，外层总苞片小，草质，卵形或狭卵形，背面密被灰白色蛛丝状绵毛，边缘膜质，中层总苞片较外层长，长卵形，背面被蛛丝状绵毛，内层总苞片质薄，背面近无毛；花序托小；雌花 6～10 朵，花冠狭管状，檐部具 2 裂齿，紫色，花柱细长，伸出花冠外甚长，先端 2 叉；两性花 8～12 朵，花冠管状或高脚杯状，外面有腺点，檐部紫色，花药狭线形，先端附属物尖，长三角形，基部有不明显的小尖头，花柱与花冠近等长或略长于花冠，先端 2 叉，花后向外弯曲，叉端截形，并有睫毛。瘦果长卵形或长圆形。花果期 7～10 月。

药用价值｜具有温经、去湿、散寒、止血、消炎、平喘、止咳、安胎、抗过敏等作用。

营养价值｜艾草的茎和叶可以同食，清气甘香，鲜香嫩脆，一般的营养成份无所不备，尤其胡萝卜素的含量极高，是黄瓜、茄子含量的 20～30 倍。有“天然保健品，植物营养素”之美称。其中含有特殊香味的挥发油，有助于宽中理气、消食开胃、增加食欲。

食用部位｜全株。

食用方法｜用艾草作为主要原料可做成艾叶饼、母鸡艾叶汤、艾叶甜汤、艾叶阿胶粥、艾叶肉圆、艾叶饺子、艾叶红糖水、姜艾鸡蛋、面粉蒸艾叶、艾叶菜团。

地胆草

Elephantopus scaber L.

别　　名｜草鞋根、草鞋底、地胆头、磨地胆、苦地胆、地苦胆、理肺散、牛吃埔、牛托鼻、铁灯盏

分　　布｜在中国主要分布于浙江、江西、福建、台湾、湖南、广东、广西、贵州及云南等地区。

采摘时间｜海南一年四季都可采收，其他地区是夏季采收。

形态特征｜根状茎平卧或斜升，具多数纤维状根。茎直立，高 20～60 cm，基部直径 2～4 mm，常多少二歧分枝，稍粗糙，密被白色贴生长硬毛。基部叶花期生存，莲座状，匙形或倒披针状匙形，长 5～18 cm，宽 2～4 cm，顶端圆钝，或具短尖，基部渐狭成宽短柄，边缘具圆齿状锯齿；茎叶少数而小，倒披针形或长圆状披针形，向上渐小；全部叶上面被疏长糙毛，下面密被长硬毛和腺点。头状花序多数，在茎或枝端束生的团球状的复头状花序，基部被 3 枚叶状苞片所包围；苞片绿色，草质，宽卵形或长圆状卵形，长 1～1.5 cm，宽 0.8～1 cm，顶端渐尖，具明显凸起的脉，被长糙毛和腺点；总苞狭，长 8～10 mm，宽约 2 mm；总苞片绿色或上端紫红色，长圆状披针形，顶端渐尖而具刺尖，具 1 或 3 脉，被短糙毛和腺点，外层长 4～5 mm，内层长约 10 mm；花 4 朵，淡紫色或粉红色；花冠长 7～9 mm，管部长 4～5 mm。瘦果长圆状线形，长约 4 mm，顶端截形，基部缩小，具棱，被短柔毛；冠毛污白色，具 5 稀 6 条硬刚毛，长 4～5 mm，基部宽扁。花期 7～11 月。

药用价值｜具有清热解毒、利尿消肿的功效。用于感冒、急性扁桃体炎、咽喉炎、眼结膜炎、流行性乙型脑炎、百日咳、急性黄疸型肝炎、肝硬化腹水、急或慢性肾炎、疖肿、湿疹等。

营养价值｜含糖苷、豆甾醇、地胆草内酯、去氧地胆草内酯等成分。

食用部位｜全株。

食用方法｜地胆草地丁瘦肉汤的做法：将地胆草、紫花地丁洗净，切碎；猪瘦肉洗净，切块；把全部用料一齐放入锅内，加清水适量，武火煮沸后，文火煮沸 1 小时，调味即可。

鬼针草 *Bidens pilosa* L.

别　　名 | 鬼钗草、虾钳草、蟹钳草、对叉草、粘人草、粘连子、豆渣草

分　　布 | 在中国主要分布于华东、华中、华南、西南各地区。生于村旁、路边及荒地中。

采摘时间 | 海南一年四季都可采收，其他地区是夏季采收。

形态特征 | 一年生草本。茎直立，高 30～100 cm，钝四棱形，无毛或上部被极稀疏的柔毛，基部直径可达 6 mm。茎下部叶较小，3 裂或不分裂，通常在开花前枯萎；中部叶具长 1.5～5 cm 无翅的柄，三出，小叶 3 枚，很少为具 5～7 小叶的羽状复叶，两侧小叶椭圆形或卵状椭圆形，长 2～4.5 cm，宽 1.5～2.5 cm，先端锐尖，基部近圆形或阔楔形，有时偏斜，不对称，具短柄，边缘有锯齿，顶生小叶较大，长椭圆形或卵状长圆形，长 3.5～7 cm，先端渐尖，基部渐狭或近圆形，具长 1～2 cm 的柄，边缘有锯齿，无毛或被极稀疏的短柔毛；上部叶小，3 裂或不分裂，条状披针形。头状花序，直径 8～9 mm，有长 1～6（果时长 3～10）cm 的花序梗；总苞基部被短柔毛，苞片 7～8 枚，条状匙形，上部稍宽，开花时长 3～4 mm，果时长至 5 mm，草质，边缘疏被短柔毛或几无毛，外层托片披针形，果时长 5～6 mm，干膜质，背面褐色，具黄色边缘，内层较狭，条状披针形；无舌状花，盘花筒状，长约 4.5 mm，冠檐 5 齿裂。瘦果黑色，条形，略扁，具棱，长 7～13 mm，宽约 1 mm，上部具稀疏瘤状凸起及刚毛，顶端芒刺 3～4 枚，长 1.5～2.5 mm，具倒刺毛。花果期 8～10 月。

药用价值 | 清热解毒、散瘀消肿。用于阑尾炎、肾炎、胆囊炎、肠炎、细菌性痢疾、肝炎、腹膜炎、上呼吸道感染、扁桃体炎、喉炎、闭经、烫伤、毒蛇咬伤、跌打损伤、皮肤感染、小儿惊风、疳积等症。

营养价值 | 全草含总黄酮 4.04%，其中叶含 6.26%，种子 0.84%，茎 0.74%，根 0.67%；全草还含天冬氨酸 1.86%，苏氨酸 0.82%，丝氨酸 0.72%，谷氨酸 2.20%，甘氨酸 0.96%，丙氨酸 1.02%，缬按酸 1.10%，蛋氨酸 0.28%，酪氨酸 0.64%，苯丙氨酸 0.97%，赖氨酸 0.95%，粗氨酸 0.99%，脯氨酸 1.43% 等多种氨基酸以及香豆粗，生物碱，蒽醌苷，糖，胡萝卜素，多元酚类和维生素等。根含微量聚乙炔类化合物Ⅰ、Ⅱ、Ⅲ、Ⅳ，茎叶含挥发油、鞣质、苦味质、胆碱等，果实含油 27.30%。

食用部位 | 茎叶。

食用方法 | 以鲜用为佳。采摘嫩茎叶，洗净，倒入沸水焯熟后，再用清水漂洗去除苦涩味，清炒或做汤用。

红凤菜

Gynura bicolor (Roxburgh ex Willdenow) Candolle

别　　名｜红菜、补血菜（台湾）、木耳菜、血皮菜

分　　布｜在中国主要分布于福建、浙江、江西、广西、江苏、湖南、湖北等地。

采摘时间｜海南一年四季都可采收，其他地区是夏季采收。

形态特征｜多年生草本。高 50～100 cm，全株无毛。茎直立，柔软，基部稍木质，上部有伞房状分枝，干时有条棱。叶具柄或近无柄；叶片倒卵形或倒披针形，长 5～10 cm，宽 2.5～4 cm，顶端尖或渐尖，基部楔状渐狭成具翅的叶柄，或近无柄而多少扩大，但不形成叶耳，边缘有不规则的波状齿或小尖齿，稀近基部羽状浅裂；侧脉 7～9 对，弧状上弯，上面绿色，下面干时变紫色，两面无毛；上部和分枝上的叶小，披针形至线状披针形，具短柄或近无柄。头状花序多数直径 10 mm，在茎、枝端排列成疏伞房状；花序梗细，长 3～4 cm，有 1～3 丝状苞片；总苞狭钟状，长 11～15 mm，宽 8～10 mm，基部有 7～9 枚线形小苞片；总苞片 1 层，约 13 枚，线状披针形或线形，长 11～15 mm，宽 0.9～2 mm，顶端尖或渐尖，边缘干膜质，背面具 3 条明显的肋，无毛；小花橙黄色至红色，花冠明显伸出总苞，长 13～15 mm，管部细，长 10～12 mm；裂片卵状三角形；花药基部圆形，或稍尖；花柱分枝钻形，被乳头状毛。瘦果圆柱形，淡褐色，长约 4 mm，具 10～15 肋，无毛；冠毛丰富，白色，绢毛状，易脱落。花果期 5～10 月。

药用价值｜主治咳血、崩漏、外伤出血、痛经、痢疾、疮疡毒、跌打损伤、溃疡久不收敛。根茎止渴、解暑；叶健胃镇咳。

营养价值｜红凤菜含钙、磷、钾、镁、铜、铁、锌、锰、维生素 C 和粗蛋白等。

食用部位｜全株。

食用方法｜红凤菜炒饭：起油锅，先放入姜丝爆香，接着放入红凤菜炒数下，等红凤菜汤汁渗出时，加入糙米饭。接着加入金针菇和红萝卜，大火快炒，并加入盐。麻油红凤菜：将麻油、姜蒜末烧香后，放入烫好菜叶，大火快炒，加入少许盐，炒拌一下即可。

菊　芹 *Erechtites hieracifolia* (L.) Raf. ex DC.

别　　名 | 裂叶昭和草、飞机草、大旱菜、野青菜、梁子菜、饥荒草

分　　布 | 分布于北美以及中国贵州、四川、云南、福建、台湾等地。生长于海拔 1000～1400 m 的林下、山坡、灌木丛中和湿地上。

采摘时间 | 一年四季均可。

形态特征 | 一年生草本。高 40～100 cm，不分枝或上部多分枝，具条纹，被疏柔毛。叶无柄，具翅，基部渐狭或半抱茎，披针形至长圆形，长 7～16 cm，宽 3～4 cm，顶端急尖或短渐尖，边缘具不规则的粗齿，羽状脉，两面无毛或下面沿脉被短柔毛。头状花序较多数，长约 15 mm，宽 1.5～1.8 mm，在茎端排列成伞房状；总苞筒状，淡黄色至褐绿色，基部有数枚线形小苞片；总苞片 1 层，线形或线状披针形，长 8～11 mm，宽 0.5～1 mm，顶端尖或稍钝，边缘窄膜质，外面无毛或被疏生短刚毛；小花多数，全部管状，淡绿色或带红色；外围小花 1～2 层，雌性，花冠丝状，长 7～11 mm，顶端 4～5 齿裂；中央小花两性，花冠细管状，长 8～12 mm，顶端 5 齿裂。瘦果圆柱形，长 2.5～3 mm，具明显的肋；冠毛丰富，白色，长 7～8 mm。花果期 6～10 月。

营养价值 | 富含维生素 A、钾、铁和磷。

食用部位 | 茎、叶。

食用方法 | 取嫩茎或者幼苗炒食。

苦苣菜

Sonchus oleraceus L.

别　　名｜滇苦菜、苦荬菜、拒马菜、苦苦菜、野芥子

分　　布｜中国大部分地方均有分布。

采摘时间｜海南一年四季都可采收，其他地区是夏季采收。

形态特征｜一年生或二年生草本。根圆锥状，垂直直伸，有多数纤维状的须根。茎直立，单生，高 40 ～ 150 cm，有纵条棱或条纹，不分枝或上部有短的伞房花序状或总状花序式分枝，全部茎枝光滑无毛，或上部花序分枝及花序梗被头状具柄的腺毛。基生叶羽状深裂，全形长椭圆形或倒披针形，或基生叶不裂，椭圆形或圆形，全部基生叶基部渐狭成长或短翼柄；中下部茎叶羽状深裂或大头状羽状深裂，全形椭圆形或倒披针形，长 3 ～ 12 cm，宽 2 ～ 7 cm，基部急狭成翼柄，翼狭窄或宽大，向柄基且逐渐加宽，柄基圆耳状抱茎，顶裂片与侧裂片等大或较大或大，宽三角形、戟状宽三角形、卵状心形，侧生裂片 1 ～ 5 对，椭圆形，常下弯，全部裂片顶端急尖或渐尖；下部茎叶或接花序分枝下方的叶与中下部茎叶同型并等样分裂，且顶端长渐尖，下部宽大，基部半抱茎；全部叶或裂片边缘及抱茎小耳边缘有大小不等的急尖锯齿或大锯齿，边缘大部全缘或上半部边缘全缘，顶端急尖或渐尖，两面光滑无毛，质地薄。头状花序少数在茎枝顶端排紧密的伞房花序或总状花序或单生茎枝顶端；总苞宽钟状，长 1.5 cm，宽 1 cm；总苞片 3 ～ 4 层，覆瓦状排列，向内层渐长；外层长披针形或长三角形，长 3 ～ 7 mm，宽 1 ～ 3 mm，中内层长披针形至线状披针形，长 8 ～ 11 mm，宽 1 ～ 2 mm；全部总苞片顶端长急尖，外面无毛或外层或中内层上部沿中脉有少数头状具柄的腺毛；舌状小花多数，黄色。瘦果褐色，长椭圆形或长椭圆状倒披针形，长 3 mm，宽不足 1 mm，压扁，每面各有 3 条细脉，肋间有横皱纹，顶端狭，无喙，冠毛白色，长 7 mm，单毛状，彼此纠缠。花果期 5 ～ 12 月。

药用价值｜清热解毒、凉血止血。主肠炎、痢疾、黄疸、淋症、咽喉肿痛、痈疮肿毒、乳腺炎、痔瘘、吐血、咯血、尿血、便血、崩漏等。

营养价值｜每 100 g 鲜苦苣菜中含蛋白质 1.8g，糖类 4.0 g，食物纤维 5.8 g，钙 120.0 mg，磷 52.0 mg。还含有甘露醇、蒲公英甾醇、蜡醇、胆碱、酒石酸、苦味素等化学物质及锌、铜、铁、锰等微量元素，维生素 B1、维生素 B2、维生素 C、胡萝卜素、烟酸等。其中，每 100g 鲜苦苣菜含维生素 C 88.0 mg，胡萝卜素 3.2 mg，分别是菠菜中含量的 2.1 和 2.3 倍。

食用部位｜全株。

食用方法｜一般食法有：①鲜食：将幼苗或嫩茎叶洗净，用沸水焯 2 ～ 3min，放入清水中浸泡，去苦味，凉拌，蘸酱，炒食或做馅。②晒干菜：将鲜菜去杂，洗净，开水烫一下，再用清水冲洗，晒干或烘干贮藏。食用前热水泡开，炒食或炖肉。③腌咸菜：将鲜菜洗净，沥干水，在缸内按一层盐一层菜排放，并拌入相关佐料，封贮，10d 后即可食用。④做罐头：鲜菜去杂，洗净，整形，放入由食盐、氯化钙、柠檬酸配成的预煮液中煮沸 2 ～ 3min，清水浸泡漂洗 1 ～ 2h，去除苦味。

鹿舌菜 *Gynura procumbens* (Lour.) Merr.

别　　名 马兰菜、革命菜

分　　布 分布在中国海南的五指山、白沙、琼中、保亭与乐东的山地与田坎上，以五指山居多。

采摘时间 一年四季都可采摘。

形态特征 攀援草本。有臭气，茎匍匐，淡褐色或紫色，有条棱，无毛或幼时有柔毛，有分枝。叶片卵形，卵状长圆形或椭圆形，长 3～8 cm，宽 1.5～3.5 cm，顶端尖或渐尖，基部圆钝或楔状狭成叶柄，全缘或有波状齿；侧脉 5～7 对，弧状弯，细脉不明显，上面绿色，下面紫色，两面无毛，稀被疏柔毛；叶柄长 5～15 mm，无毛；上部茎叶和花序枝上的叶退化，披针形或线状披针形，无柄或近无柄。顶生或腋生伞房花序，每个伞房花序具 3～5 个头状花序；花序梗细长，常有 1～3 线形苞片，被疏短疏毛或无毛；总苞狭钟状或漏斗状，长 15～17 mm，宽 5～10 mm，基部有 5～6 线形小苞片；总苞片 1 层，11～13，长圆状披针形，长 15～17 mm，宽 1.5 mm，顶端渐尖，边缘狭干膜质，具 1～3 条中脉，干时变紫色，无毛；小花 20～30，橙黄色；花冠长 12～15 mm，管部细，长 8～10 mm，上部扩大，裂片卵状披针形，顶端尖；花药基部钝，顶端有尖三角形附片；花柱分枝锥状，被乳头状微毛。瘦果圆柱形，长 4～6 mm，栗褐色，具 10 肋，无毛；冠毛丰富，白色，细绢毛状。

药用价值 具有清热解毒、止血止咳、减少血管紫癜、提高人体免疫力和抗病毒能力。有泻火、凉血、消炎、生津等功效，对于肿病有一定的疗效。

营养价值 其蛋白质、氨基酸、总糖、脂肪含量分别为 1.24%、0.87%、1.5%、0.79%，膳食纤维含量为 2.40 g/100 g，维生素 C 含量为 11.20 mg/100 g，富含有机钙，是中老年人补钙的绿色食品，还含有丰富的有机酸成分及黄酮类化合物。

食用部位 菜叶。

食用方法 食味柔滑，清香可口。可清炒、凉拌、汆汤，茎叶切碎作饺子、包子的馅颇具香味，煮泡饭的味道尤佳。其叶也可生吃，或取鲜叶开水冲泡当茶饮，如把叶子晒干泡水更是别有一番风味。一般食用方法为：①生炒：急火爆炒，快熟时放少许盐、味精，色泽鲜美，口感清爽嫩滑。②煮汤：待汤熟前 5 min 放入，野味清香。③凉拌：在沸水中焯 3～5 min 捞出加蒜泥、生抽、香油即可。④火锅：直接下锅，野味清香。

千头艾纳香

Blumea lanceolaria (Roxb.) Druce

别　　名｜火油草、走马风

分　　布｜产于中国云南、贵州、广西、广东、海南及台湾。也分布于印度、巴基斯坦、斯里兰卡、缅甸、泰国、菲律宾及印度尼西亚。生于海拔 420～1500 m 的林缘、山坡、路旁、草地或溪边。

采摘时间｜一年四季都可采收。

形态特征｜高大草本。茎直立，有分枝，高 1～3 m，基部木质，直径 5～10 mm，有棱条，无毛或被短柔毛，幼枝和花序轴的毛较密，节间长 6～20 mm，在上部达 5 cm 或更长。下部和中部的叶有长达 2～3 cm 的柄，叶片近革质，倒披针形，狭长圆状披针形或椭圆形，长 15～30 cm，宽 5～8 cm，基部渐狭，下延，或有时有短的耳状附属物，顶端短渐尖，边缘有细或粗齿，上面有泡状凸起，无毛，干时常变黑色，下面无毛或被微柔毛，侧脉 13～20 对，在下面多少凸起，常自中脉发出极细弱、不成对的侧脉，网脉明显；上部叶狭披针形或线状披针形，长 7～15 cm，宽 1～2.5 cm，基部渐狭，下延成翅状。头状花序多数，直径 6～10 mm，几无柄或有长 5～10 mm 的短柄，常 3～4 个簇生，排列成顶生、塔形的大圆锥花序；总苞圆柱形或近钟形，长 6～8 mm，总苞片 5～6 层，绿色或紫红色，弯曲，外层卵状披针形，长约 2 mm，顶端钝或稍尖，背面被短柔毛，中层狭披针形或线状披针形，长 3～4 mm，顶端锐尖，边缘干膜质，内层线形，长约 8 mm，顶端锐尖，被疏毛；花托平，蜂窝状，被白色密柔毛，少有被疏柔毛；花黄色；雌花多数，花冠细管状，长约 7 mm，檐部 3 齿裂，无毛；两性花少数，花冠管状，约与雌花等长，向上渐宽，檐部 5 浅裂，裂片卵形，顶端圆或略尖，被疏毛。瘦果圆柱形，长约 1.5 mm，有 5 条棱，被毛；冠毛黄白色至黄褐色，糙毛状，长 6～8 mm。花期 1～4 月，果期 9～10 月。

药用价值｜可消肿、散瘀、杀虫、发汗解热、温中活血、祛风除湿。用于寒湿泻痢、腹痛肠鸣、肿胀、筋骨疼痛、跌打损伤、癣疮、痛经、腹痛、腹泻、寒湿痢疾、湿疹、皮肤炎等症。

营养价值｜主成分为左旋龙脑，并含少量桉叶素、左旋樟脑、花椒油素等。还含糖苷。

食用部位｜叶、嫩枝。

食用方法｜煎汤。

野茼蒿 *Crassocephalum crepidioides* (Benth.) S. Moore

别　　名｜革命菜、野青菜、野木耳菜、安南菜、安南草

分　　布｜在中国主要分布于广东、香港、广西、江西、浙江、湖南、福建、台湾、海南、云南、贵州、四川、重庆、湖北及西藏东南部、甘肃南部等地。适应力强，繁殖快。常生地点为海拔400～900 m的山坡或沟边。

采摘时间｜海南一年四季都可采收，其他地区是夏季采收。

形态特征｜一年生高大草本。高50～120 cm，茎具纵条纹，光滑无毛，上部多分枝。茎直立，单叶互生，叶片长圆状椭圆形，长7～12 cm，宽4～5 cm，先端渐尖，边缘有重锯齿或有时基部羽状分裂，两面近无毛；叶柄长1～2.5 cm。头状花序多数，排成圆锥状聚伞花序；总苞圆柱形；总苞片2层等长，条状披针形，边缘膜质，白色，顶端有短簇毛；花全为筒状两性花，粉红色；花冠顶端5齿裂；花柱分枝有细长钻形的附器。瘦果狭圆柱形，赤红色，有纵条，被毛；冠毛丰富，白色。花果期9～11月。因在革命战争年代，革命老前辈曾用它来充饥，故起名“革命菜”。

药用价值｜具有健脾消肿、清热解毒、行气、利尿的功效。可治感冒发热、痢疾、肠炎、尿路感染、营养不良性水肿、乳腺炎等。

营养价值｜革命菜营养价值极高，性平，味道甘辛，含蛋白质、粗纤维、胡萝卜素、维生素C等营养成分。在100 g鲜菜中，含水分93.9 g、蛋白质1.1 g、脂肪0.3 g、粗纤维1.3 g、钙150.0 mg、磷120.0 mg、胡萝卜素5.1 mg、维生素C 10.0 mg、维生素B2 0.3 mg、尼克酸1.2 mg。

食用部位｜全株。

食用方法｜以鲜用为佳。每年春、夏、秋三季，可摘其嫩茎叶、幼苗，炒食甜滑可口，味道极美。常见的吃法有清炒革命菜、凉拌革命菜、革命菜炒肉丝、革命菜炒鸡蛋，此外还有革命菜烫猪肚排骨煲、革命菜烫猪脚煲、革命菜烫牛脚煲、革命菜烫土鸡煲、革命菜烫牛肉煲等。

一点红

Emilia sonchifolia (L.) DC.

别　　名｜红背叶、羊蹄草、野木耳菜、红头草、叶下红、紫背叶、片红青、红背果、牛奶奶、花古帽

分　　布｜产于中国云南、贵州、四川、湖北、湖南、江苏、浙江、安徽、海南、福建、台湾。常生于海拔 800 ~ 2100 m 的山坡荒地、田埂、路旁。

形态特征｜一年生草本。根垂直。茎直立或斜升，高 25 ~ 40 cm，稍弯，通常自基部分枝，灰绿色，无毛或被疏短毛。叶质较厚，下部叶密集，大头羽状分裂，长 5 ~ 10 cm，宽 2.5 ~ 6.5 cm，顶生裂片大，宽卵状三角形，顶端钝或近圆形，具不规则的齿，侧生裂片通常 1 对，长圆形或长圆状披针形，顶端钝或尖，具波状齿，上面深绿色，下面常变紫色，两面被短卷毛；中部茎叶疏生，较小，卵状披针形或长圆状披针形，无柄，基部箭状抱茎，顶端急尖，全缘或有不规则细齿；上部叶少数，线形。头状花序长 8 mm，后伸长达 14 mm，在开花前下垂，花后直立，通常 2 ~ 5mm；花序梗细，长 2.5 ~ 5 cm，无苞片；总苞圆柱形，长 8 ~ 14 mm，宽 5 ~ 8 mm，基部无小苞片；总苞片 1 层，8 ~ 9，长圆状线形或线形，黄绿色，约与小花等长，顶端渐尖，边缘窄膜质，背面无毛；小花粉红色或紫色，长约 9 mm，管部细长，檐部渐扩大，具 5 深裂。瘦果圆柱形，长 3 ~ 4 mm，具 5 棱，肋间被微毛；冠毛丰富，白色，细软。花果期 7 ~ 10 月。

药用价值｜全草药用。可消炎、止痢，主治腮腺炎、乳腺炎、小儿疳积、皮肤湿疹等症。清热解毒、散瘀消肿，用于治疗肺炎、睾丸炎、麦粒肿、中耳炎、痈疖、蜂窝组织炎、泌尿系统感染、急性扁桃体炎。

营养价值｜一点红的灰分、粗蛋白、粗纤维、粗脂肪、总糖、还原糖、维生素C的含量分别为1.33%、2.30%、15.22%、3.62%、10.09%、1.08%、16.20mg/100g。8 种矿质元素中，钙的含量最高（13155.80 μg/g），镍的含量最低（3.02 μg/g）。还含 16 种氨基酸，总量为 13.89%，其中 7 种人体必需氨基酸占氨基酸总量的 43.97%；9 种药效氨基酸占氨基酸总量的 60.83%。

食用部位｜以嫩梢嫩叶为主。

食用方法｜常作野菜食用，可炒食、作汤或作火锅料。质地爽脆，类似茼蒿的口味。

肿柄菊 *Tithonia diversifolia* A. Gray

别　　名 | 假向日葵、黄斑肿柄菊、墨西哥向日葵、太阳菊、王爷葵、五爪金英

分　　布 | 在中国广东、云南曾作为观赏植物引种，在广西、云南及台湾地区有逃逸种群分布，福建省的福州、莆田、泉州、厦门等地广为栽培。广泛分布于热带和亚热带。

形态特征 | 一年生草本，高 2～5 m。茎直立，有粗壮的分枝，被稠密的短柔毛或通常下部脱毛。叶卵形或卵状三角形或近圆形，长 7～20 cm，3～5 深裂，有长叶柄；上部的叶有时不分裂，裂片卵形或披针形，边缘有细锯齿，下面被尖状短柔毛，沿脉的毛较密，基出三脉。头状花序大，宽 5～15 cm，顶生于假轴分枝的长花序梗上；总苞片 4 层，外层椭圆形或椭圆状披针形，基部革质，内层苞片长披针形，上部叶质或膜质，顶端钝；舌状花 1 层，黄色，舌片长卵形，顶端有不明显的 3 齿；管状花黄色。瘦果长椭圆形，长约 4 mm，扁平，被短柔毛。花果期 9～11 月。

药用价值 | 肿柄菊茎叶或根入药，有清热解毒、消暑利水之效，用于治疗急慢性肝炎、B 型肝炎、黄疸、膀胱炎、青春痘、痈肿毒疮、糖尿病等。

营养价值 | 花和叶含挥发油，其主要成分为 α－蒎烯、(Z)－β－罗勒烯、柠檬烯等。叶和地上部分中还分得大量倍半萜内酯，肿柄菊内酯 A、C，粗毛豚草素，肿柄菊倍半萜内酯类和 6- 乙酸 -2,2- 二甲基 -7- 羟基色原烯。

食用部位 | 茎叶或根。

食用方法 | 煎汤。

鳄嘴花

Clinacanthus nutans (N. L. Burman) Lindau

别　　名｜忧遁草、接骨草、千里追、柔刺草、汉帝草、沙巴蛇草、柔刺草、青箭、竹节王

分　　布｜分布于中国广东、云南、海南、广西、福建等地。

采摘时间｜一年四季都可采摘。

形态特征｜高大草本，直立或有时攀援状。茎圆柱状，干时黄色，有细密的纵条纹，近无毛。叶纸质，披针形或卵状披针形，长5～11 cm，宽1～4 cm，顶端弯尾状渐尖，基部稍偏斜，近全缘，两面无毛；侧脉每边5或6条，干时两面稍凸起；叶柄长5～7 mm或过之。花序长1.5 cm，被腺毛；苞片线形，长约8 mm，顶端急尖；萼裂片长约8 mm，渐尖；花冠深红色，长约4 cm，被柔毛；有雄蕊和雌蕊光滑无毛。蒴果未见。花期春夏，果期秋天。

药用价值｜全株入药，有清热解毒、散瘀消肿、消炎解酒、防癌抗癌等作用。能改进全身血流状态、增强心肌收缩能力、改善血压，传统上用于治疗肾炎、肾萎缩、肾衰竭、肾结石，是肾脏病人的救星，也可以治疗喉咙肿痛、肝炎、黄疸、皮肤病、高血压、高血糖、高血脂、胃炎、风湿痹痛。对多种癌症有很好的治疗效果。

营养价值｜含丰富的蛋白质，营养价值极高。也是无毒的野菜、绿色农产品，含氨基酸和叶绿素极高，还含有羽扇醇、白桦脂醇、五环三萜化合物、ß-谷甾醇、钙元素、类黄酮等。

食用部位｜全株。

食用方法｜清炒，煲汤。

狗肝菜 *Dicliptera chinensis* (L.) Juss.

别　　名 | 四籽马蓝、华九头狮子草

分　　布 | 产于福建（龙岩）、台湾、广东（从化、花县、清远、高要、大埔、怀集、广州、台山、深圳）、海南（保亭、三亚和澄迈）、广西（桂林、龙州）、香港、澳门、云南（易门、勐仑、小勐养）、贵州（黔南）、四川（峨眉、峨边）。分布于孟加拉国、印度东北部、中南半岛。生于海拔 1800 m 以下疏林下、溪边、路旁。

采摘时间 | 夏秋采收。

形态特征 | 草本，高 30～80 cm。茎外倾或上升，具 6 条钝棱和浅沟，节常膨大膝曲状，近无毛或节处被疏柔毛。叶卵状椭圆形，顶端短渐尖，基部阔楔形或稍下延，长 2～7 cm，宽 1.5～3.5 cm，纸质，绿深色，两面近无毛或背面脉上被疏柔毛；叶柄长 5～25 mm。花序腋生或顶生，由 3～4 个聚伞花序组成；每个聚伞花序有 1 至少数花，具长 3～5 mm 的总花梗，下面有 2 枚总苞状苞片；总苞片阔倒卵形或近圆形，稀披针形，大小不等，长 6～12 mm，宽 3～7 mm，顶端有小凸尖，具脉纹，被柔毛；小苞片线状披针形，长约 4 mm；花萼裂片 5，钻形，长约 4 mm；花冠淡紫红色，长约 10～12 mm，外面被柔毛，2 唇形，上唇阔卵状近圆形，全缘，有紫红色斑点，下唇长圆形，3 浅裂；雄蕊 2，花丝被柔毛，药室 2，卵形，一上一下。蒴果长约 6 mm，被柔毛，开裂时由蒴底弹起，具种子 4 颗。花果期秋天。

药用价值 | 具有清热解毒、凉血、生津、利尿功效。用治实热内结之热毒斑疹、便血、小便不利、肿毒疔疮等症；外用可用治跌打损伤、红肿出血。

营养价值 | 狗肝菜中含有丰富的黄酮、多糖和多酚类物质，同时显示很强的抗氧化活性。

食用部位 | 茎叶。

食用方法 | 晒干，或取鲜草使用。可煎服，煲汤。

辣木

Moringa oleifera Lam.

别　　名 | 鼓槌树

分　　布 | 适宜在热带、亚热带地区生长。中国广东、福建、广西、云南、台湾及海南等地区皆可以种植。

形态特征 | 多年生热带落叶乔木，高 3～12 m。树皮软木质；枝有明显的皮孔及叶痕，小枝有短柔毛；根有辛辣味。叶通常为三回羽状复叶，长 25～60 cm；羽片 4～6 对，在羽片的基部具线形或棍棒状稍弯的腺体；腺体多数脱落；叶柄柔弱，基部鞘状；小叶 3～9 枚，薄纸质，卵形、椭圆形或长圆形，长 1～2 cm，宽 0.5～1.2 cm，通常顶端的 1 枚较大，叶背苍白色，无毛；叶脉不明显；小叶柄纤弱，长 1～2 mm，基部的腺体线状，有毛。花序广展，长 10～30 cm；苞片小，线形；花具梗，白色，芳香，直径约 2 cm；萼片线状披针形，有短柔毛；花瓣匙形；雄蕊和退化雄蕊基部有毛；子房有毛。蒴果细长，长 20～50 cm，直径 1～3 cm，下垂，3 瓣裂，每瓣有肋纹 3 条。种子近球形，直径约 8 mm，有 3 棱，每棱有膜质的翅。花期全年，果期 6～12 月。

药用价值 | 可以活化细胞增强免疫力，有助于分泌胰岛素和调节血糖，有效地抗氧化、抗自由基、消除人体活性氧，有丰富的保健养生功效。长期服用对于降高血压、降高血脂、降高血糖有明显效果。还可以预防癌症和肿瘤，增强免疫力，保护心脏，预防和治疗糖尿病，保护胃黏膜，治疗胃溃疡，预防骨质疏松症，预防脂肪肝、酒精肝，提神醒脑，治疗中风，增强消化，颐养脾胃，消除疲劳，治疗和预防抑郁症，改善男性生育能力，解决不孕问题，促进睡眠，增强体力，改善人的精神状态，降低冠状动脉硬化性心脏病等慢性病的发病率，辅助治疗风湿症，有效改善支气管炎，消除便秘，促进愈合伤口，预防结石，保护眼睛提高视力，改善贫血，提高记忆力，保持思维敏捷，平衡人体皮肤色素。

营养价值 | 辣木是世界上最有营养的树，它包含约 20 种氨基酸，46 种抗氧化剂，抗炎化合物，富含丰富的微量元素钾、锰、铬，以及精氨酸、赖氨酸、亮氨酸、苯丙氨酸等，提供维生素 A，维生素 B、B1、B2、B3、B6，维生素 C（抗坏血酸），维生素 E 和宏观矿物质，微量元素，提供优质蛋白质和膳食纤维。辣木叶所含的钙质是牛奶的 4 倍，蛋白质是牛奶的 2 倍，钾是香蕉的 3 倍，铁是菠菜的 3 倍，维生素 C 是柑橘的 7 倍，维生素 A(β－胡萝卜素)是胡萝卜的 4 倍，维生素 E 分别是螺旋藻和黄豆粉的 70 倍和 40 倍。

食用部位 | 根、嫩叶和嫩果可食用，花和树皮可供药用。

食用方法 | 嫩叶可清炒、做汤或沙拉。

扫帚菜 | *Kochia scoparia* (L.) Schrad.

别　　名 | 铁扫帚、野菠菜、地麦、落帚、扫帚苗、铁扫靶

分　　布 | 分布于中国各地。在原野、山林、荒地、田边、路旁、果园、庭院等地均能生长。

采摘时间 | 全年。

形态特征 | 株直立，高 50～100 cm。茎直立，多分枝而紧凑，整个植株外形卵球形。叶互生，线形，细密，绿色，秋后变暗红色，叶片长 2～5 cm，宽 3～7 mm，具 3 条主脉，茎部叶小，具 1 脉。花小不显，常 1～3 朵簇生于叶腋，构成穗状圆锥花序；花被近球形，淡绿色，裂片三角形。胞果扁球形；果皮膜质，与种子离生。种子黑色，具光泽。花果期 7～10月。

药用价值 | 扫帚菜性寒味苦，具有清热解毒、利尿通淋的功效。治赤白痢、泄泻、热淋、目赤、雀盲、皮肤风热赤肿。《本草图经》载“主大肠泄泻，止赤白痢，和气，涩肠胃，解恶疮毒。”

营养价值 | 扫帚菜每 100 g 嫩茎叶含水分 79.0 g、蛋白质 5.2 g、脂肪 0.8 g、碳水化合物 8.0 g、胡萝卜素 5.7 mg、维生素 B1 0.2 mg、维生素 B2 0.3 mg、尼克酸 1.6 mg、维生素 C 39.0 mg。

食用部位 | 全株。

食用方法 | 凉拌、粉蒸、蘸酱吃。

杠板归

Polygonum perfoliatum L.

别　　名｜刺犁头、老虎利、老虎刺、犁尖草、三角盐酸、贯叶蓼、犁壁刺、山荞麦、退血草、犁壁藤、老虎艽、蛇不过、蛇倒退、河白草、退西草

分　　布｜全国均有分布。

采摘时间｜在夏秋间采收。

形态特征｜多年生蔓性草本，全体无毛。茎攀援，有纵棱，棱上有稀疏的倒生钩刺，多分枝，绿色，有时带红色，长 1～2 m。叶互生，近于三角形，长 3～7 cm，宽 2～5 cm，淡绿色，有倒生皮刺盾状着生于叶片的近基部，有时叶缘亦散生钩刺；叶柄盾状着生，几与叶片等长，有倒生钩刺；托鞘叶状，草质，绿色，圆形或卵形，穿叶，包茎，直径 1.5～3 cm。总状花序呈短穗状，顶生或生于上部叶腋；花小，长 1～3 cm，多数；具苞，苞片卵圆形，每苞含 2～4 花；花被 5 深裂，白色或淡红紫色，花被片椭圆形，长约 3 mm，裂片卵形，不甚展开，随果实而增大，变为肉质，深蓝色；雄蕊 8，略短于花被；雌蕊 1，子房卵圆形，花柱 3 叉状。瘦果球形，直径 3～4 mm，暗褐色，有光泽，包在蓝色花被内。花期 6～8 月，果期 7～10 月。

药用价值｜用于疔疮痈肿、丹毒、痄腮、乳腺炎、聤耳、喉蛾、感冒发热、肺热咳嗽、百日咳、瘰疬、痔瘘、鱼口便毒、泻痢、黄疸、臌胀、水肿、淋浊、带下、疟疾、风火赤眼、跌打肿痛、吐血、便血、蛇虫咬伤。

营养价值｜全草含山柰酚、咖啡酸甲酯、倾皮素、咖啡酸、原儿茶酸、槲皮素 -3- β -D- 葡萄糖醛酸甲酯、对香豆酸、阿魏酸、香草酸、熊果酸、白桦脂酸、白律脂醇，还含有甾醇脂肪酸酯、植物甾醇 β -D- 葡萄糖苷、3,3’ - 二甲基并没食子酸、内消旋酒石酸二甲酯及长链脂肪酸酯。

食用部位｜割取地上部分。

食用方法｜鲜用或晾干煎汤。

火炭母 *Polygonum chinense* L.

别　　名｜火炭毛、乌炭子、运药、山荞麦草、地肤蝶、黄鳝藤、晕药、火炭星、鹊糖梅、乌白饭草、红梅子叶、白饭草、大叶沙滩子、乌饭藤、水沙柑子、鸪鹚饭、水退痧、胖根藤、老鼠蔗、小晕药、花脸晕药、蓼草、白乌饭藤、信饭藤、酸管杖、大沙柑草、火炭藤、水洋流、酸广台、接骨丹、大红袍、野辣蓼

分　　布｜在中国主要分布于浙江、江西、福建、台湾、湖北、湖南、广东、海南、广西、四川、贵州、云南、西藏等地。

采摘时间｜主要为夏秋季采收。

形态特征｜多年生草本。长达 1 m，茎扁圆形，有分枝。叶为卵形或长圆状卵形，单叶互生，先端短尖或渐尖，基部楔形、截形或近心形，向下延伸至叶柄，薄纸质，表面绿色，常带紫蓝色或暗红色的“人”字形或倒“V”字形浅斑，背面浅绿色，两面无毛或背面沿主脉披疏短毛，全缘或有时边缘具细圆齿，长 4～10 cm，宽 2～6 cm；叶柄基部两侧具草质耳状片，早落，长 1～2 cm；托叶鞘筒状，顶端斜截形，鞘膜质，无毛，易破裂，长 1～2.5 cm。花为头状花序，顶生或腋生，数枚再排列组成圆锥状或伞房状花序；花序轴及分枝密披腺毛；花细小，状如饭粒；苞片卵形，膜质，无毛；花被白色、紫色或淡红色，5 深裂，裂片卵形，在花果期时稍增大成肉质；雄蕊 8 枚；子房上位，花柱 3 枚，上部分离。果为瘦果，幼时三角形，成熟时卵形，包裹在宿存的花被之内，表面幼时白色，成熟时黑褐色，具光泽，具 3 棱，长 2～3 mm。

药用价值｜清热利湿、凉血解毒。治泄泻、痢疾、黄疸、风热咽疼、虚弱头昏、小儿疰夏、惊搐、妇女白带、痈肿湿疮、跌打损伤。

营养价值｜叶中含有 β－谷甾醇、山奈酚、槲皮素、没食子酸、3–O– 甲基并没食子酸、山柰酚 –7–O– 葡萄糖苷、山柰酚 –3–O– 葡萄糖醛酸苷。

食用部位｜枝叶。

食用方法｜煎汤。外用：适量，捣敷；或煎水洗。

野菠萝

Pandanus tectorius Parkinson J.

别　　名｜林茶、露兜树、华露兜、假菠萝、山菠萝、婆锯筋、猪母锯、老锯头、簕角、水拖髻、野菠萝华露兜

分　　布｜产于中国福建、台湾、广东、海南、广西、贵州和云南等地区。也分布于亚洲热带和澳大利亚南部。

形态特征｜常绿分枝灌木或小乔木。常左右扭曲，具多分枝或不分枝的气根。叶簇生于枝顶，3行紧密螺旋状排列，条形，长达80 cm，宽4 cm，先端渐狭成一长尾尖，叶缘和背面中脉均有粗壮的锐刺。雄花序由若干穗状花序组成，每一穗状花序长约5 cm；佛焰苞长披针形，长10～26 cm，宽1.5～4 cm，近白色，先端渐尖，边缘和背面隆起的中脉上具细锯齿；雄花芳香，雄蕊常为10余枚，多可达25枚，着生于长达9 mm的花丝束上，呈总状排列，分离花丝长约1 mm，花药条形，长3 mm，宽0.6 mm，基着药，药基心形，药隔顶端延长的小尖头长1～1.5 mm；雌花序头状，单生于枝顶，圆球形；心皮5～12枚合为一束，中下部联合，上部分离，子房上位，5～12室，每室有1枚胚珠。聚花果大，向下悬垂，由40～80个核果束组成，圆球形或长圆形，长达17 cm，直径约15 cm，幼果绿色，成熟时橘红色；核果束倒圆锥形，高约5 cm，直径约3 cm，宿存柱头稍凸起呈乳头状、耳状或马蹄状。花期1～5月，果期5～10月。

药用价值｜性味甘、淡，凉。叶可发汗解表，清热解毒，利尿；根治感冒发热、肾炎水肿、尿路感染、结石、肝炎、肝硬化腹水、眼结膜炎；果治痢疾、咳嗽；果核治睾丸炎、痔疮。

食用部位｜果、嫩芽。

食用方法｜果可食，其聚合果由多数核果组合，状似凤梨；核果外部坚硬，基部软，中有纤维质能随水漂流，里面是种子，味甜可食。其茎顶芽梢可做菜肴，味如春笋。也可用野菠萝叶子包着鸡蒸、制作各种各样的露兜树粽、制作韩式竹笋拌露兜树芽沙拉等。

牛角瓜 *Calotropis gigantean* (L.) W. T. Aiton

别　　名 | 哮喘树、羊浸树、断肠草

分　　布 | 产于中国云南、四川、广西和广东等地区。分布于印度、斯里兰卡、缅甸、越南和马来西亚等。生长于低海拔向阳山坡、旷野地及海边。

采摘时间 | 全年可采摘。

形态特征 | 直立灌木。高达 3 m，全株具乳汁。茎黄白色，枝粗壮，幼枝部分被灰白色绒毛。叶倒卵状长圆形或椭圆状长圆形，长 8～20 cm，宽 3.5～9.5 cm，顶端急尖，基部心形，两面被灰白色绒毛，老渐脱落；侧脉每边 4～6 条，疏离；叶柄极端，有时叶基部抱茎。聚伞花序伞形状，腋生和顶生；花序梗和花梗被灰白色绒毛，花梗长 2～2.5 cm；花萼裂片卵圆形；花冠紫蓝色，辐状，直径 3～4 cm，裂片卵圆形，长 1.5 cm，宽 1 cm，急尖，副花冠裂片比合蕊柱短，顶端内向，基部有距。蓇葖果单生，膨胀，端部外弯，长 7～9 cm，直径 3 cm，被短柔毛。种子广卵形，长 5 mm，宽 3 mm，顶端具白色绢质种毛；种毛长 2.5 cm。花果期几乎全年。

药用价值 | 牛角瓜具有广泛的药用价值，在印度被认为是传统的药用植物，其根、茎、叶和果等均可药用，具有消炎、抗菌、化痰和解毒等作用，用于麻风病、哮喘、咳嗽、溃疡和肿瘤等疾病的治疗。牛角瓜的乳汁具有强心、保肝、镇痛消炎等疗效，树皮可治癫痫。茎叶的乳汁有毒，含多种强心苷，可供药用，治皮肤病、痢疾、风湿、支气管炎。

营养价值 | 根含强心苷元：乌斯卡定、乌他苷元、牛角瓜苷、异牛角瓜苷。还含三萜类成分：α－香树脂醇和 β－香树脂醇、蒲公英甾醇、ϕ－蒲公英甾醇、羽扇豆醇等。

食用部位 | 根、茎、叶和果等。

食用方法 | 水煎服，或炖猪瘦肉服。

落　葵

Basella alba L.

别　　名｜蘩露、藤菜、臙脂豆、木耳菜、潺菜、豆腐菜、紫葵、胭脂菜、藤芭菜

分　　布｜中国南北方各地多有种植，南方有逸为野生的。

采摘时间｜海南一年四季都可采收，其他地区是夏季采收。

形态特征｜一年生缠绕草本。茎长可达数米，无毛，肉质，绿色或略带紫红色。叶片卵形或近圆形，长3～9 cm，宽2～8 cm，顶端渐尖，基部微心形或圆形，下延成柄，全缘，背面叶脉微凸起；叶柄长1～3 cm，上有凹槽。穗状花序腋生，长3～20 cm；苞片极小，早落；小苞片2，萼状，长圆形，宿存；花被片淡红色或淡紫色，卵状长圆形，全缘，顶端钝圆，内摺，下部白色，连合成筒；雄蕊着生花被筒口，花丝短，基部扁宽，白色，花药淡黄色；柱头椭圆形。果实球形，直径5～6 mm，红色至深红色或黑色，多汁液，外包宿存小苞片及花被。花期5～9月，果期7～10月。

药用价值｜全草供药用，为缓泻剂，有滑肠、散热、利大小便的功效。花汁有清血解毒作用，能解痘毒，外敷治痈毒及乳头破裂。

营养价值｜营养价值很高，据测定，每1 kg食用部分含蛋白质17 g、脂肪2 g、碳水化合物31 g、钙2.05 g、磷290 mg、铁22 mg，还含有胡萝卜素46 mg、尼克酸10 mg、维生素C 1 g(在绿叶菜中居榜首)。

食用部位｜枝叶。

食用方法｜是南方地区夏季高温季节的主要大路野菜之一，栽培较少，一直被列为“稀特野菜”。落葵以幼苗、嫩茎、嫩叶芽梢供食，可炒食、烫食、凉拌，其味清香，清脆爽口，食用口感鲜嫩软滑，如木耳一般，别有风味。注意：脾冷人不可食，孕妇忌服。

假败酱 *Stachytarpheta jamaicensis* (L.) Vahl

别　　名 | 倒团蛇、玉龙鞭、大种马鞭草、大蓝草

分　　布 | 产于中国福建、广东、广西、香港、海南、台湾和云南南部。

采摘时间 | 9 ~ 12 月。

形态特征 | 多年生粗壮草本或亚灌木，高 0.6 ~ 2 m。幼枝近四方形，疏生短毛。叶片厚纸质，椭圆形至卵状椭圆形，长 2.4 ~ 8 cm，顶端短锐尖，基部楔形，边缘有粗锯齿，两面均散生短毛；侧脉 3 ~ 5，在背面凸起；叶柄长 1 ~ 3 cm。穗状花序顶生，长 11 ~ 29 cm；花单生于苞腋内，一半嵌生于花序轴的凹穴中，螺旋状着生；苞片边缘膜质，有纤毛，顶端有芒尖；花萼管状，膜质，透明，无毛，长约 6 mm；花冠深蓝紫色，长 0.7 ~ 1.2 cm，内面上部有毛，顶端 5 裂，裂片平展；雄蕊 2，花丝短，花药 2 裂；花柱伸出，柱头头状，子房无毛。果内藏于膜质的花萼内，成熟后 2 瓣裂，每瓣有 1 种子。花期 8 月，果期 9 ~ 12 月。

药用价值 | 清热解毒、活血排脓。主治肠痈、肺痈、痢疾、产后瘀滞腹痛。

营养价值 | 全草含咖啡酸、绿原酸、山柰酚、槲皮素和芸香苷等。

食用部位 | 全草。

食用方法 | 内服：煎汤，9 ~ 15g。

马缨丹

Lantana camara L.

别　　名 | 五色梅、山大丹、如意草、五彩花、五雷丹、五色绣球、变色草、大红绣球、七姐妹、臭草

分　　布 | 原产于美洲热带地区，世界热带地区均有分布。中国台湾、福建、广东、广西见有逸生。常生长于海拔 80～1500 m 的海边沙滩和空旷地区。

采摘时间 | 全年可采摘。

形态特征 | 直立或蔓性的灌木。高 1～2 m，有时藤状，长达 4 m。茎枝均呈四方形，有短柔毛，通常有短而倒钩状刺。单叶对生，揉烂后有强烈的气味，叶片卵形至卵状长圆形，长 3～8.5 cm，宽 1.5～5 cm，顶端急尖或渐尖，基部心形或楔形，边缘有钝齿，表面有粗糙的皱纹和短柔毛，背面有小刚毛；侧脉约 5 对；叶柄长约 1 cm。花序直径 1.5～2.5 cm；花序梗粗壮，长于叶柄；苞片披针形，长为花萼的 1～3 倍，外部有粗毛；花萼管状，膜质，长约 1.5 mm，顶端有极短的齿；花冠黄色或橙黄色，开花后不久转为深红色，花冠管长约 1 cm，两面有细短毛，直径 4～6 mm；子房无毛。果圆球形，直径约 4 mm，成熟时紫黑色。全年开花，果期 5～10 月。

药用价值 | 根、叶、花作药用，有清热解毒、散结止痛、祛风止痒之效。可治疟疾、肺结核、颈淋巴结核、腮腺炎、胃痛、风湿骨痛等。

营养价值 | 带花的全草含脂类，其脂肪酸组成有肉豆蔻酸、棕榈酸、花生酸、油酸、亚油酸等，还含葡萄糖、麦芽糖、鼠李糖。

食用部位 | 叶，根，花。

食用方法 | 煎服。

赪 桐 *Clerodendrum japonicum* (Thunb.) Sweet

别　　名 | 臭牡丹、香盏花、百日红、红苞花、状元红

分　　布 | 分布于中国河北、河南、陕西、浙江、安徽、江西、湖北、湖南、四川、云南、贵州、广东等地。生长于湿润的林边、山沟及屋旁，亦有栽培。

采摘时间 | 夏季采收。

形态特征 | 落叶灌木，高 1 ~ 2 m。叶对生，广卵形，长 10 ~ 20 cm，宽 8 ~ 18 cm，先端尖，基部心形，或近于截形，边缘有锯齿而稍带波状，上面深绿色而粗糙，具密集短毛，下面淡绿色而近于光滑，唯脉上有短柔毛，触之有臭气；叶柄长约 8 cm。花蔷薇红色，有芳香，为顶生密集的头状聚伞花序，直径约 10 cm；花萼细小，漏斗形，先端 5 裂，裂片三角状卵形，先端尖，外面密布短毛及腺点；花冠直径约 1.5 cm，下部合生成细管状，先端 5 裂，裂片线形以至长圆形；雄蕊 4，花丝与花柱均伸出，花丝通常较花柱为短；子房上位，卵圆形。核果，外围有宿存的花萼。花期 7 ~ 8 月，果期 9 ~ 10 月。

药用价值 | 活血散瘀、消肿解毒。治痈疽、疔疮、乳腺炎、关节炎、湿疹、牙痛、痔疮、脱肛。

营养价值 | 含生物碱、蛋白质、糖、皂苷等。

食用部位 | 根、叶。

食用方法 | 晒干煎汤。

马齿苋

Portulaca oleracea L.

别　　名 | 马苋、五行草、长命菜、五方草、瓜子菜、麻绳菜、马齿菜、蚂蚱菜

分　　布 | 中国南北各地均产。

采摘时间 | 海南一年四季都可采收，其他地区是夏季采收。

形态特征 | 一年生草本，全株无毛。茎平卧或斜倚，紫红色，伏地铺散，多分枝，圆柱形，长 10～15 cm，淡绿色或带暗红色。叶互生，有时近对生，叶片扁平，肥厚，倒卵形，似马齿状，长 1～3 cm，宽 0.6～1.5 cm，顶端圆钝或平截，有时微凹，基部楔形，全缘，上面暗绿色，下面淡绿色或带暗红色；中脉微隆起；叶柄粗短。花无梗，直径 4～5 mm，常 3～5 朵簇生枝端，午时盛开；苞片 2～6，叶状，膜质，近轮生；萼片 2，对生，绿色，盔形，左右压扁，长约 4 mm，顶端急尖，背部具龙骨状凸起，基部合生；花瓣 5，稀 4，黄色，倒卵形，长 3～5 mm，顶端微凹，基部合生；雄蕊通常 8，或更多，长约 12 mm，花药黄色；子房无毛，花柱比雄蕊稍长，柱头 4～6 裂，线形。蒴果卵球形，长约 5 mm，盖裂。种子细小，多数偏斜球形，黑褐色，有光泽，直径不及 1 mm，具小疣状凸起。花期 5～8 月，果期 6～9 月。

药用价值 | 全草药用，主治赤白痢疾、赤白带下、肠炎、淋病等。

营养价值 | 马齿苋含有丰富的二羟乙胺、苹果酸、葡萄糖、钙、磷、铁以及胡萝卜素、维生素 E、维生素 B、维生素 C 等营养物质。马齿苋在营养上有一个突出的特点，它的 ω-3 脂肪酸含量高于人和植物。ω-3 脂肪酸能抑制人体对胆固酸的吸收，降低血液胆固醇浓度，改善血管壁弹性，对防治心血管疾病很有利。

食用部位 | 枝叶。

食用方法 | 马齿苋生食、烹食均可，柔软的茎可像菠菜一样烹制。如果对它强烈的味道不太习惯的话，就不要用太多。马齿苋茎顶部的叶子很柔软，可以像豆瓣菜一样烹食，可用来做汤或用于做沙司、蛋黄酱和炖菜。马齿苋和碎萝卜或马铃薯泥一起做，也可以和洋葱或番茄一起烹饪，其茎和叶可用醋腌泡食用。

人参菜 *Talinum paniculatum* (Jacq.) Gaertn.

别　　名｜土人参、栌兰、人参三七、飞来参、水人参、紫人参

分　　布｜在中国分布于西藏、广东、山东、台湾等地。

采摘时间｜海南一年四季都可采收，其他地区是夏季采收。

形态特征｜一年生或多年生草本。全株无毛，高 30～100 cm。主根粗壮，圆锥形，有少数分枝，皮黑褐色，断面乳白色。茎直立，肉质，基部近木质，多少分枝，圆柱形，有时具槽。叶互生或近对生，具短柄或近无柄，叶片稍肉质，倒卵形或倒卵状长椭圆形，长 5～10 cm，宽 2.5～5 cm，顶端急尖，有时微凹，具短尖头，基部狭楔形，全缘。圆锥花序顶生或腋生，较大型，常二叉状分枝，具长花序梗；花小，直径约 6 mm；总苞片绿色或近红色，圆形，顶端圆钝，长 3～4 mm；苞片 2，膜质，披针形，顶端急尖，长约 1 mm；花梗长 5～10 mm；萼片卵形，紫红色，早落；花瓣粉红色或淡紫红色，长椭圆形、倒卵形或椭圆形，长 6～12 mm，顶端圆钝，稀微凹；雄蕊 10～20，比花瓣短；花柱线形，长约 2 mm，基部具关节，柱头 3 裂，稍开展；子房卵球形，长约 2 mm。蒴果近球形，直径约 4 mm，3 瓣裂，坚纸质。种子多数，扁圆形，直径约 1 mm，黑褐色或黑色，有光泽。花期 6～7 月，果期 9～10 月。

药用价值｜全草性味甘、平，可利尿消肿、健脾润肺、止咳、调经。治痢疾、泄泻、湿热性黄疸、内痔出血、乳汁不足、小儿疳积、黄水疮、脾虚劳倦、肺痨咳血、月经不调；外用治目赤肿痛；叶可通乳汁、消肿毒。治小便不利，痔疮疡肿毒。

营养价值｜含有柠檬酸、异柠檬酸、延胡索酸、酮戊二酸、油酸、亚油酸、顺丁烯二酸、苹果酸、丙酮酸、琥珀酸、酒石酸、人参酸、水杨酸、香草酸、对羟基肉桂酸、甘油三酯、棕榈酸、三棕榈酸甘油酯、α,γ－二棕榈酸甘油酯、三亚油酸甘油酯、糖基甘油二酯、维生素 B1、维生素 B2、维生素 B12、维生素 C、烟酸、叶酸、泛酸、生物素及菸酰胺等多种成分。

食用部位｜枝叶。

食用方法｜采茎叶洗净后，直接炒食或煮汤食用。将嫩茎叶洗净后用盐腌渍成酱菜，随时取用。其他做法有蚝油姜丝人参菜、姜丝蒜茸人参菜、人参菜排骨汤、凉拌人参菜根、人参菜根炖排骨等。

木 棉

Bombax ceiba L.

别　　名 | 英雄树、攀枝花、红棉、红棉树、加薄棉、吉贝、烽火、斑枝、琼枝

分　　布 | 在中国的分布，北起四川西南攀枝花金沙江、安宁河、雅砻江河谷、云南金沙江河谷、云南南部、贵州南部，直至广东、广西、福建南部、海南、台湾。很可能源自印度，随着移民被广泛种植于华南、台湾，以及中印半岛及南洋群岛。

采摘时间 | 春季采花，夏秋剥取树皮，春秋采根。

形态特征 | 落叶大乔木，高可达 25 m。树干直立有明显瘤刺。掌状复叶互生，叶柄很长。早春先叶开花，花簇生于枝端；花冠红色或橙红色，直径约 12cm；花瓣有 5 枚，肉质，椭圆状倒卵形，长约 9cm，外弯，边缘内卷，两面均被星状柔毛；雄蕊多数，合生成管，排成 3 轮，最外轮集生为 5 束。蒴果甚大，木质，呈长圆形，可达 15cm，成熟后会自动裂开，里头充满了棉絮，棉毛可做枕头、棉被、十字绣棉花等填充材料。种子多数，倒卵形，黑色，光滑，藏于白色毛内。木棉外观多变化：春天时，一树橙红；夏天绿叶成荫；秋天枝叶萧瑟；冬天秃枝寒树，四季展现不同的风情，令人赞叹。每年 2～3 月树叶落光后进入花期，然后长叶。

药用价值 | 木棉花有清热利尿、解毒祛暑和止血的功效。木棉皮有清热、利尿、活血、消肿、解毒等功效，对慢性胃炎、胃溃疡、泄泻、痢疾等有显著疗效；外用可治腿膝疼痛、疮肿、跌打损伤等。

营养价值 | 含有铁、钙、磷、镁等人体必需的多种微量元素。

食用部位 | 以花、树皮和根入药。

食用方法 | 木棉花晒干或阴干，可做木棉花陈皮粥、木棉三花饮、木棉花鲫鱼汤、木棉花虾仁豆腐、木棉花菌菇汤。

苹 | *Marsilea quadrifolia* L.

别　　名 | 四叶、田字草、田字萍、夜爬三、夜里船

分　　布 | 在中国主要分布于长江以南及河北、陕西、河南等地，黑龙江、广东也有分布。

采摘时间 | 海南一年四季都可采收，其他地区是夏季采收。

形态特征 | 多年生草本，株高 5～20 cm。匍匐根茎细长，埋于地下或伏地横生，根茎上具节，节上生出不定根和叶 1 至数枚，节下生须根数条，繁殖极快。叶柄长 20～30 cm，有 4 枚小叶成倒三角形，排列成“十”字，外缘半圆形，两侧截形；叶脉扇形分叉，网状，网眼狭长，无毛；叶表具较厚蜡质层，有光泽。叶柄基部生出具柄的孢子囊 2～3 枚，孢子囊椭圆形，囊内具大、小孢子，成熟时孢子囊裂开，散出孢子。冬季叶枯死，根状茎宿存，翌春分枝出叶，自春至秋不断生叶与孢子果。根茎和叶柄之长短、叶着生之疏密，均随水之深浅或有无而变异甚大。

药用价值 | 全草入药，有清热解毒、止咳平喘、消肿散疾的效用，可治蛇虫蜇伤、风热咳嗽、咽炎、扁桃体炎，也可治尿血、尿路感染、黄疸肝炎等；外用可治疗湿疹、痔疮。

营养价值 | 鲜草含粗蛋白质 5.1%、粗脂肪 0.6%、粗纤维 2.8%、无氮浸出物 9.2%，花蕾期含粗蛋白质 3.0%、粗脂肪 0.6%、粗纤维 4.7%。

食用部位 | 嫩茎叶。

食用方法 | 嫩茎叶洗净，炒食或做汤。

盐肤木

Rhus chinensis Mill.

别　　名 | 五倍子树、五倍柴、五倍子

分　　布 | 中国除了东北北部地区之外其他地区均有分布。国外主要分布于东南亚、中南半岛及朝鲜。

采摘时间 | 10 月采收成熟的果实，其根全年均可采。

形态特征 | 落叶小乔木或灌木，高 2～10 m。小枝棕褐色，被锈色柔毛，具圆形小皮孔。奇数羽状复叶有小叶 3～6 对，纸质，边缘具粗钝锯齿，背面密被灰褐色毛，叶轴具宽的叶状翅，小叶自下而上逐渐增大，叶轴和叶柄密被锈色柔毛；小叶多形，卵形、椭圆状卵形或长圆形，长 6～12 cm，宽 3～7 cm，先端急尖，基部圆形，顶生小叶基部楔形，边缘具粗锯齿或圆齿，叶面暗绿色，叶背粉绿色，被白粉，叶面沿中脉疏被柔毛或近无毛，叶背被锈色柔毛，脉上较密，侧脉和细脉在叶面凹陷，在叶背凸起，小叶无柄。圆锥花序宽大，多分枝，雄花序长 30～40 cm，雌花序较短，密被锈色柔毛；苞片披针形，长约 1 mm，被微柔毛，小苞片极小；雄花乳白色，花梗长约 1 mm，被微柔毛。雄花：花萼外面被微柔毛，裂片长卵形，长约 1 mm，边缘具细睫毛；花瓣倒卵状长圆形，长约 2 mm，开花时外卷；雄蕊伸出，花丝线形，长约 2 mm，无毛，花药卵形，长约 0.7 mm；子房不育。雌花：花萼裂片较短，长约 0.6 mm，外面被微柔毛，边缘具细睫毛；花瓣椭圆状卵形，长约 1.6 mm，边缘具细睫毛，里面下部被柔毛；雌蕊极短；花盘无毛；子房卵形，长约 1 mm，密被白色微柔毛，花柱 3，柱头头状。核果球形，略压扁，径 4～5 mm，被具节柔毛和腺毛，成熟时红色，果核径 3～4 mm。花期 7～9 月，果期 10～11 月。

药用价值 | 花入药为"盐麸木花"，治鼻疳、痈毒溃烂。果实入药为"盐麸子"，有生津润肺、降火化痰、敛汗、止痢的功用；治痰嗽、喉痹、黄胆、盗汗、痢疾、顽癣、痈毒、头风白屑。根入药为"盐麸子根"，有驱风、化湿、消肿、软坚的功效；治感冒发热、咳嗽、腹泻、水肿、风湿痹痛、跌打伤肿、乳痈、癣疮，可消酒毒。去掉栓皮的根皮为"盐麸根白皮"，有祛风湿、散瘀血、清热解毒的功效；治咳嗽、风湿骨痛、水肿、黄胆、跌打损伤、肿毒疮疥、蛇咬伤等。

营养价值 | 盐肤木果实具有很高的营养价值，每 100 g 盐肤木果实中含有油脂 12.74～21.07 g、蛋白质 9.31～11.64 g、还原糖 3.18～4.19 g、灰分 3.18～3.68 g。矿物元素含量分别为：钙 59.97～111.7 2mg、镁 39.27～95.75 mg、锌 0.83～1.95 mg、铜 1.47～2.36 mg、铅 1.41～2.84 mg。

食用部位 | 全株。

食用方法 | 盐肤木的嫩茎叶可作为野菜食用，花是初秋的优质蜜粉源。而盐肤木的根可以和牛奶根、乌根山苍子根等一起做成草根汤。晒干的果实煲汤用。

七指蕨 *Helminthostachys zeylanica* (L.) Hook.

别　　名｜入地蜈蚣、倒地蜈蚣、蜈蚣草、倒麒麟、地蜈蚣、过路蜈蚣、过路鹅江、假七叶一枝花、七叶一枝枪、水蜈蚣

分　　布｜分布于亚洲热带和澳大利亚。在中国分布于台湾、海南和云南等地。

采摘时间｜茎叶夏秋采摘，根茎全年采摘。

形态特征｜多年生陆生蕨类植物，植株高 30～55 cm。根状茎肉质横走，粗达 7 mm，有很多肉质的粗根。靠近顶部生出 1 或 2 枚叶；叶柄为绿色，草质，长 20～40 cm；基部有两枚圆形淡棕色的托叶，长约 7 mm；叶片由三裂的营养叶片和 1 枚直立的孢子囊穗组成，自柄端彼此分离，营养叶片几乎是 3 等分，每分由 1 枚顶生羽片（或小叶）和在它下面的 1～2 对对侧生羽片（或小叶）组成，每分基部略具短柄，但各羽片无柄，基部往往狭而下延，全叶片长、宽 12～25 cm，宽掌状，各羽片长 10～18 cm，宽 2～4 cm，向基部渐狭，向顶端为渐尖头，边缘为全缘或往往稍有不整齐的锯齿；叶薄草质，无毛，干后全为绿色或褐绿色，中肋明显，上面凹陷，下面凸起；侧脉分离，密生，纤细，斜向上，1～2 次分叉，达于叶边。孢子囊穗单生，通常高出不育叶，柄长 6～8 cm，穗长达 13 cm，直径 5～7 mm，直立；孢子囊环生于囊托，形成细长圆柱形。

药用价值｜七指蕨的根茎或全草可清肺化痰、散瘀解毒。主痨热咳嗽、咽痛、跌打肿痛、痈疮、毒蛇咬伤。

营养价值｜根含豆甾醇、岩蕨甾醇、卫矛醇，还含入地蜈蚣素 A、B、C、D。

食用部位｜嫩叶可作野菜食用，根状茎可供药用。

食用方法｜清炒、煲汤。

鸡矢藤

Paederia scandens (Lour.) Merr.

别　　名 | 牛皮冻、解暑藤、鸡屎藤、斑鸠饭、女青、主屎藤、却节、皆治藤、臭藤根、臭藤、毛葫芦、甜藤、五香藤、臭狗藤、香藤、母狗藤、清风藤

分　　布 | 在中国主要分布于山东、安徽、江苏、浙江、江西、福建、台湾、广东、广西、湖北、湖南等地。喜温暖湿润的环境，生于溪边、河边、路边、林旁及灌木林中，常攀援于其他植物或岩石上。

采摘时间 | 海南一年四季都可采收，其他地区是夏季采收。

形态特征 | 多年生草质藤本。茎呈扁圆柱形，稍扭曲，无毛或近无毛，茎灰棕色，直径 3～12mm，栓皮常脱落，有纵皱纹及叶柄断痕，易折断，断面平坦，灰黄色；嫩茎黑褐色，直径 1～3mm，质韧，不易折断，断面纤维性，灰白色或浅绿色。叶对生，多皱缩或破碎，完整者展平后呈宽卵形或披针形，长 5～9cm，宽 1～4cm，先端尖，基部楔形，圆形或浅心形，全缘，绿褐色，两面无柔毛或近无毛；叶柄长 1.5～7cm，无毛或有毛。聚伞花序顶生或腋生，前者多带叶，后者疏散少花，花序轴及花均被疏柔毛，花淡紫色。花果期 6～7 月。

药用价值 | 具有祛风利湿、止痛解毒、消食化积、活血消肿之功效。用于风湿筋骨痛、跌打损伤、外伤性疼痛、肝胆及胃肠绞痛、消化不良、小儿疳积、支气管炎；外用于皮炎、湿疹及疮疡肿毒。

营养价值 | 鸡矢藤营养价值极高，味甘、微苦，性平，含蛋白质、粗纤维、胡萝卜素、维生素 C 等营养成份。在 100 g 鲜菜中，含水分 86.0 g、蛋白质 2.7 g、脂肪 0.4 g、粗纤维 4.1 g、钙 202.0 mg、磷 360.0 mg、钙 1.2 g、钾 1.9 g，镁 385.0 mg，胡萝卜素 1.8 mg、维生素 C 67.1 mg。

食用部位 | 全株。

食用方法 | 以鲜用为佳，可做鸡矢藤粑，鸡矢藤饼等。

刺天茄 *Solanum indicum* L.

别　　名 苦果、苦天茄、歌温喝（傣语）、傻里布（傣语）、野海椒、颠茄、钉茄、丁茄子、袖扣果、生刺矮瓜、紫花茄、鸡刺子、黄水荠

分　　布 产于中国四川、贵州、云南、广西、广东、福建、台湾。广布于热带印度、缅甸，南至马来半岛，东至菲律宾。

采摘时间 秋季采收。

形态特征 多枝灌木。通常高 0.5～1.5m，小枝、叶下面、叶柄、花序均密被 8～11 分枝、长短不相等的具柄星状绒毛。小枝褐色，密被尘土色渐老逐渐脱落的星状绒毛及基部宽扁的淡黄色钩刺，钩刺长 4～7 mm，基部宽 1.5～7 mm，基部被星状绒毛，先端弯曲，褐色。叶卵形，长 5～7cm，宽 2.5～5.2 cm，先端钝，基部心形、截形或不相等，边缘 5～7 深裂或成波状浅圆裂，裂片边缘有时又作波状浅裂，上面绿色，被具短柄的 5～9 分枝的星状短绒毛，下面灰绿，密被星状长绒毛；中脉及侧脉常在两面具有长 2～6 mm 的钻形皮刺，侧脉每边 3～4 条；叶柄长 2～4 cm，密被星状毛及具 1～2 枚钻形皮刺，有时不具。蝎尾状花序腋外生，长 3.5～6 cm；总花梗长 2～8 mm，花梗长 1.5 cm 或稍长，密被星状绒毛及钻形细直刺；花蓝紫色，或少为白色，直径约 2 cm；萼杯状，直径约 1 cm，长 4～6 mm，先端 5 裂，裂片卵形，端尖，外面密被星状绒毛及细直刺，内面仅先端被星状毛；花冠辐状，筒部长约 1.5 mm，隐于萼内，冠檐长约 1.3 cm，先端深 5 裂，裂片卵形，长约 8 mm，外面密被分枝多具柄或无柄的星状绒毛，内面上部及中脉疏被分枝少无柄的星状绒毛，很少有与外面相同的星状毛；花丝长约 1 mm，基部稍宽大，花药黄色，长约为花丝长度的 7 倍，顶孔向上；子房长圆形，具棱，顶端被星状绒毛，花柱丝状，长约 5 mm，除柱头以下 1 mm 外余均被星状绒毛，柱头截形。果序长约 4～7 cm；果柄长 1～1.2 cm，被星状毛及直刺。浆果球形，光亮，成熟时橙红色，直径约 1 cm，宿存萼反卷。种子淡黄色，近盘状，直径约 2 mm。全年开花结果。

药用价值 果能治咳嗽及伤风，内服可用于难产及牙痛，亦用于治发烧、寄生虫及疝痛；外擦可治皮肤病。叶及果和籽磨碎可治癣疥；果皮中含龙葵碱，抑制胆碱酯酶的活性。

营养价值 根、果实均含薯蓣皂苷元、羊毛甾醇、澳洲茄碱、澳洲茄边碱、澳洲茄胺、茄碱。果实含黄果茄甾醇、刺天茄苷 A。种子含月桂酸、棕榈酸、硬脂酸、花生酸、油酸、亚油酸等脂肪酸。

食用部位 全株。

食用方法 鲜用或晒干，煲汤食用。

海南茄

Solanum procumbens Lour.

别　　名 | 金耳环、耳环锤、细颠茄、金钮头、卜古笋、卜古雀

分　　布 | 分布于中国广东、海南。

采摘时间 | 秋冬采收。

形态特征 | 灌木。高 1～2 m，直立或平卧，多分枝。小枝无毛，具黄土色基部宽扁的倒钩刺，刺长 2～4 mm，基部宽 1.5～4 mm，端尖，微弯，褐黄色。嫩枝、叶下面、叶柄及花序柄均被分枝多、无柄或具短柄的星状短绒毛及小钩刺。叶卵形至长圆形，长 2～6 cm，宽 1.5～3 cm，先端钝，基部楔形或圆形不相同，近全缘或作 5 个粗大的波状浅圆裂，上面暗绿，疏被 4～8 分枝平贴的星状绒毛，在边缘较密，下面淡绿，星状绒毛相互交织密被；中脉明显，在两面均着生 1～4 枚小尖刺，侧脉每边 3～4 条，间或具 1～2 小尖刺；叶柄长 4～10 mm，毛被较叶下面薄，具有与中脉相同的小尖刺或无刺。蝎尾状花序顶生或腋外生，毛被较叶下面薄；花梗纤细，长 4～10 mm；花萼杯状，直径约 3 mm，4 裂，裂片三角形，在两面先端均被有星状绒毛；花冠淡红色，花冠筒长约 1.5 mm，冠檐长约 9 mm，先端深 4 裂，裂片披针形，长约 7 mm，外面被星状绒毛；雄蕊 4 枚，花丝长约 1 mm，花药先端延长，长约 6 mm；子房球形，顶端被星状毛，花柱长约 7 mm，基部被极稀疏的星状毛，先端 2 裂。浆果球形，直径 7～9 mm，光亮，宿存萼向外反折；果柄长约 2 cm，顶端膨大。种子淡黄色，近肾形，扁平，长约 3 mm，宽约 2 mm。花期春夏间，果期秋冬。

药用价值 | 辛温解表、散瘀止痛。用于外感风寒表症、跌打损伤、关节肿痛、月经不调、感冒、头痛、疟疾。

营养价值 | 含糖苷生物碱类物质，含量为 188.65mg/g。

食用部位 | 全株。

食用方法 | 水煎服。

苦　　蘵 *Physalis angulata* L.

别　　名 蘵、黄蒢、蘵草、小苦耽、灯笼草、鬼灯笼、天泡草、爆竹草、劈柏草、响铃草、响泡子

分　　布 分布于中国华东、华中、华南及西南地区。生长于山谷林下及村边路旁。

采摘时间 夏秋季采全草。

形态特征 一年生草本。被疏短柔毛或近无毛，常高 30～50 cm。茎多分枝，分枝纤细。叶柄长 1～5 cm；叶片卵形至卵状椭圆形，顶端渐尖或急尖，基部阔楔形或楔形，全缘或有不等大的牙齿，两面近无毛，长 3～6 cm，宽 2～4 cm。花梗长 5～12 mm，纤细，和花萼一样生短柔毛，长 4～5 mm，5 中裂，裂片披针形，生缘毛；花冠淡黄色，喉部常有紫色斑纹，长 4～6 mm，直径 6～8 mm；花药蓝紫色或有时黄色，长约 1.5 mm。浆果直径约 1.2 cm，果萼卵球状，直径 1.5～2.5 cm，薄纸质。种子圆盘状，长约 2 mm。花果期 5～12 月。

药用价值 清热、利尿、解毒、消肿。主治感冒、肺热咳嗽、咽喉肿痛、牙龈肿痛、湿热黄疸、痢疾、水肿、热淋、天疱疮、疔疮。

营养价值 酸浆果含蛋白质、脂肪、糖类、维生素、矿物质、酸浆果红素等。

食用部位 全草。

食用方法 鲜用或晒干，煎服或煮熟食用。

曼陀罗

Datura stramonium L.

别　　名丨曼荼罗、满达、曼扎、曼达、醉心花、狗核桃、洋金花、枫茄花、万桃花、闹羊花、大喇叭花、山茄子

分　　布丨广泛分布于世界温带至热带地区。中国各地均有分布。

采摘时间丨夏秋采摘。

形态特征丨野生直立木质一年生草本，在低纬度地区可长成亚灌木。高 0.5 ~ 1.5 m，全体近于平滑或在幼嫩部分被短柔毛。茎粗壮，圆柱状，淡绿色或带紫色，下部木质化。叶互生，上部呈对生状，叶片卵形或宽卵形，顶端渐尖，基部不对称楔形，有不规则波状浅裂，裂片顶端急尖，有时亦有波状牙齿；侧脉每边 3 ~ 5 条，直达裂片顶端，长 8 ~ 17 cm，宽 4 ~ 12 cm；叶柄长 3 ~ 5 cm。花单生于枝叉间或叶腋，直立，有短梗；花萼筒状，长 4 ~ 5 cm，筒部有 5 棱角，两棱间稍向内陷，基部稍膨大，顶端紧围花冠筒，5 浅裂，裂片三角形，花后自近基部断裂，宿存部分随果实而增大并向外反折；花冠漏斗状，下半部带绿色，上部白色或淡紫色，檐部 5 浅裂，裂片有短尖头，长 6 ~ 10 cm，檐部直径 3 ~ 5 cm；雄蕊不伸出花冠，花丝长约 3 cm，花药长约 4 mm；子房密生柔针毛，花柱长约 6 cm。蒴果直立生，卵状，长 3 ~ 4.5 cm，直径 2 ~ 4 cm，表面生有坚硬针刺或有时无刺而近平滑，成熟后淡黄色，规则 4 瓣裂。种子卵圆形，稍扁，长约 4 mm，黑色。一般花期 6 ~ 10 月，果期 7 ~ 11 月。

药用价值丨成分为阿托品、东莨菪碱（曼陀罗提取物）及莨菪碱等生物碱，它们都是一种毒蕈碱阻滞剂，竞争毒蕈碱受体，打断副交感神经的支配作用。

食用部位丨叶、花、籽均可入药。

食用方法丨煎汤、外敷。

少花龙葵 *Solanum americanum* Mill.

别　　名｜白花菜、古钮菜、扣子草、打卜子、古钮子、衣扣草、痣草

分　　布｜产于中国云南南部及江西、湖南、广西、广东、台湾等地。分布于马来群岛。生于山野、荒地、埔园、路旁、屋旁、林边荒地、密林阴湿处及溪边阴湿地。

采摘时间｜春季至秋季采收。

形态特征｜纤弱草本。茎无毛或近于无毛，高约1 m。叶薄，卵形至卵状长圆形，长4～8 cm，宽2～4 cm，先端渐尖，基部楔形下延至叶柄而成翅，叶缘近全缘，波状或有不规则的粗齿，两面均具疏柔毛，有时下面近于无毛；叶柄纤细，长1～2 cm，具疏柔毛。花序近伞形，腋外生，纤细，具微柔毛，着生1～6朵花；总花梗长1～2 cm，花梗长5～8 mm；花小，直径约7 mm；萼绿色，直径约2 mm，5裂达中部，裂片卵形，先端钝，长约1 mm，具缘毛；花冠白色，筒部隐于萼内，长不及1 mm，冠檐长约3.5 mm，5裂，裂片卵状披针形，长约2.5 mm；花丝极短，花药黄色，长圆形，长1.5 mm，约为花丝长度的3～4倍，顶孔向内；子房近圆形，直径不及1 mm，花柱纤细，长约2 mm，中部以下具白色绒毛，柱头小，头状。浆果球状，直径约5 mm，幼时绿色，成熟后黑色。种子近卵形，两侧压扁，直径1～1.5 mm。几全年均开花结果。

药用价值｜入肝肺肾经。内服清热利湿、凉血解毒，外用消炎退肿。可治痢疾、高血压、黄疸、扁桃体炎、肺热咳嗽、牙龈出血，有清凉散热之功，并可兼治喉痛；外治皮肤湿毒、乌疱、老鼠咬伤。

营养价值｜富含多种维生素以及铁、钾、钙等微量元素，富含油脂。

食用部位｜嫩茎、嫩叶。

食用方法｜以嫩梢茎叶供食，可作汤、凉拌或炒食。

疏刺茄

Solanum nienkui Merr et Chun

别　　名 | 羊不食、毛茄树、大样颠茄、大叶毛刺茄

分　　布 | 中国海南省特产。

采摘时间 | 全年。

形态特征 | 直立灌木。高 0.5～1 m，茎光滑，木质，嫩枝常被星状短柔毛，无刺或具长约 1 mm 的小钩刺，渐老则逐渐光滑。叶卵形至长圆状卵形，长 3～7 cm，宽 1.5～3.5 cm，先端尖或钝，基部圆形或楔形，两侧不相等，边缘近波状，上面绿色，被 5～7 分枝粗短的或近无柄的星状毛，下面淡绿，密被 7～9 分枝细长具柄而互相交织的星状短柔毛；中脉在上面略下凹，有时具有极小的钩刺，侧脉每边 4～5 条，在两面均明显；叶柄长 1.5～2 cm，密被与叶下面相似的星状毛，无刺或具极小的钩刺。浆果圆球形，直径约 1 cm，光滑；果柄长约 1.2 cm，被星状毛，上端膨大。种子扁，近肾形，直径 1.5～2 mm，外面具网纹。花期 6～12月。

药用价值 | 具有清热、解毒、活血、消肿、化瘀的功效，对疔疮、痈肿、跌打损伤、慢性气管炎、急性肾炎、风湿性关节炎、白带过多、水肿、淋病等都有一定的疗效。

营养价值 | 黄酮、香叶木素、柚皮素、山萘酚、槲皮素、咖啡酸乙酯、咖啡酸、原儿茶醛、原儿茶酸、香草酸等。

食用部位 | 根、鲜叶。

食用方法 | 煎服或浸酒服用。

水 茄 *Solanum torvum* Sw.

别　　名｜刺茄、山颠茄、金纽扣、鸭卡

分　　布｜原产于美洲加勒比地区，现热带地区广布。

采摘时间｜一年四季都可采收。

形态特征｜一年生草本。茎高 1～2（～3）m，小枝、叶下面、叶柄及花序梗均被星状毛。小枝疏生基部宽扁的皮刺，刺淡黄色或淡红色，长 2.5～10mm。叶卵形至椭圆形，长 6～9 cm，宽 4～11（～13）cm，先端尖，基部心形或楔形，两边不相等，边缘 5～7 浅裂或波状，下面灰绿，密被具柄星状毛；脉有刺或无刺；叶柄长 2～4 cm，具 1～2 枚皮刺或无刺。聚伞式圆锥花序腋外生；花梗长 5～10mm，被腺毛及星状毛；花萼裂片卵状长圆形，长约 2mm；花冠辐状，白色，直径约 1.5 cm，筒部隐于萼内，裂片卵状披针形，先端渐尖，外面被星状毛；花丝长约 1mm，花药长 7mm，顶孔向上。浆果黄色，球形，直径 1～1.5 cm，无毛；果梗长约 1.5 cm，上部膨大。种子盘状，直径 1.5～2mm。花果期 6～10 月。

药用价值｜用于跌打瘀痛、腰肌劳损、胃痛、牙痛、闭经、久咳。

营养价值｜水茄根含新绿莲皂苷元、圆椎茄碱；茎含澳洲茄胺、澳洲茄 -3,5- 二烯；果实含水茄皂苷元、绿莲皂苷元、脱氢剑麻皂苷元；叶子中分得 2,3,4- 三甲基三十烷、二十八醇三十烷酸酯、三十醇、3- 三十三酮、三十四烷酸、谷甾醇、豆甾醇、菜油甾醇、水茄皂苷、绿莲皂苷元、新绿莲皂苷元、潘尼枯苷元、海南皂苷元、新海南皂苷元等。

食用部位｜根部、鲜叶。

食用方法｜水煎服或浸酒服。

五彩椒

Capsicum annuum L.

别　　名｜朝天椒、五彩辣椒

分　　布｜原产于美洲热带。在中国南方分布居多。

采摘时间｜夏秋季采收。

形态特征｜一年生草本。株高 30～60 cm，茎直立，常呈半木质化，分枝多。单叶互生。花单生叶腋或簇生枝梢顶端；花多色，型小不显眼。果实簇生于枝端，同一株果实可有红、黄、紫、白等各种颜色，有光泽。花期 5 月初到 10 月底，果期 7～10月。

药用价值｜可以预防微血管的脆弱出血、牙龈出血、眼睛视网膜出血、脑血管出血，也是糖尿病患者较宜食用的食物。

营养价值｜含有很丰富的维生素 A、B、C，β－胡萝卜素，糖类、纤维质、钙、磷、铁能增强免疫力、对抗自由基的破坏、保护视力，还可以使皮肤白皙亮丽。经常食用可以强化指甲和滋养发根，对于肌肤有活化细胞组织功能、促进新陈代谢、使皮肤光滑柔嫩，具有美容的功效。

食用部位｜果实。

食用方法｜酱泡五彩椒、清炒五彩椒、作配料等。

野　茄 *Solanum undatum* Lam.

别　　名 | 丁茄、颠茄树、牛茄子、衫钮果、黄天茄

分　　布 | 在中国主要产于云南、广西、广东及台湾。在国外广布于埃及、阿拉伯至印度西北部以及越南、马来西亚至新加坡。

采摘时间 | 一年四季都可采收。

形态特征 | 直立草本至亚灌木，高约 0.5 ~ 2 m。小枝、叶下面、叶柄、花序均密被 5 ~ 9 分枝的灰褐色星状绒毛。小枝圆柱形，褐色，幼时密被星状毛（渐老则逐渐脱落）及皮刺，皮刺土黄色，先端微弯，基部宽扁，长 2 ~ 4 mm，基部宽约 3 mm。上部叶常假双生，不相等；叶卵形至卵状椭圆形，长 5 ~ 10（~ 14.5）cm，宽 4 ~ 7 cm，先端渐尖，急尖或钝，基部不等形，多少偏斜，圆形、截形或近心脏形，边缘浅波状圆裂；裂片通常 5 ~ 7，上面尘土状灰绿色，密被 4 ~ 9 分枝的星状绒毛，以 4 ~ 7 分枝的较多，下面灰绿色，被 7 ~ 9 分枝的星状绒毛，毛的分枝较上面的长；中脉在下面凸出，在两面均具细直刺，侧脉每边 3 ~ 4 条，在两面均具细直刺或无刺；叶柄长 1 ~ 3 cm，密被星状绒毛及直刺，后来星状绒毛逐渐脱落。蝎尾状花序超腋生，长约 2.5 cm；总花梗短或近于无；能孕花单独着生于花序的基部，花梗长约 1.7 cm，有时有细直刺，花后下垂；不孕花蝎尾状，与能孕花并出，排列于花序的上端。能孕花较大，萼钟形，直径 1 ~ 1.5 cm，外面密被星状绒毛及细直刺，内面仅裂片先端被星状绒毛；花冠辐状，星形，紫蓝色，长约 1.8 cm，直径约 3 cm，花冠筒长 3 mm，冠檐长 1.5 cm，5 裂，裂片宽三角形，长、宽均约 1 cm，以薄而无毛的花瓣间膜相连接，外面在裂片的中央部分被星状绒毛，内面仅上部被较稀疏的星状绒毛；花丝长 1.5 ~ 1.8 mm，无毛，花药椭圆状，基部椭圆形到先端渐狭，长约为花丝长度的 3 倍，顶孔向上；柱头头状。浆果球状，无毛，直径 2 ~ 3 cm，成熟时黄色；果柄长约 2.5 cm，顶端膨大。种子扁圆形，直径约 2 mm。花期夏季，果冬季成熟。

药用价值 | 用于水肿、小便不利、尿少、风湿性关节炎、牙痛、睾丸炎。

营养价值 | 果实含甾体生物碱中药化学成分。

食用部位 | 全草。

食用方法 | 煎汤。

刺　芹

Eryngium foetidum L.

别　　名｜香菜、假芫荽、节节花、野香草、假香荽、缅芫荽、阿佤芫荽

分　　布｜在中国主要分布于广东、广西、贵州、海南、云南等地。

采摘时间｜海南一年四季都可采收，其他地区是夏季采收。

形态特征｜二年生或多年生草本。高 11 ~ 40 cm 或超过，主根纺锤形。茎绿色直立，粗壮，无毛，有数条槽纹，上部有 3 ~ 5 歧聚伞式的分枝。基生叶披针形或倒披针形不分裂，革质，长 5 ~ 25 cm，宽 1.2 ~ 4 cm，顶端钝，基部渐窄有膜质叶鞘，边缘有骨质尖锐锯齿，近基部的锯齿狭窄呈刚毛状，表面深绿色，背面淡绿色，两面无毛，羽状网脉；叶柄短，基部有鞘可达 3 cm；茎生叶着生在每一叉状分枝的基部，对生，无柄，边缘有深锯齿，齿尖刺状，顶端不分裂或 3 ~ 5 深裂。头状花序生于茎的分叉处及上部枝条的短枝上，呈圆柱形，长 0.5 ~ 1.2 cm，宽 3 ~ 5 mm，无花序梗；总苞片 4 ~ 7，长 1.5 ~ 3.5 cm，宽 4 ~ 10 mm，叶状，披针形，边缘有 1 ~ 3 刺状锯齿；小总苞片阔线形至披针形，长 1.5 ~ 1.8 mm，宽约 0.6 mm，边缘透明膜质；萼齿卵状披针形至卵状三角形，长 0.5 ~ 1 mm，顶端尖锐；花瓣与萼齿近等长，倒披针形至倒卵形，顶端内折，白色、淡黄色或草绿色；花丝长约 1.4 mm；花柱直立或稍向外倾斜，长约 1.1 mm，略长过萼齿。果卵圆形或球形，长 1.1 ~ 1.3 mm，宽 1.2 ~ 1.3 mm，表面有瘤状凸起，果棱不明显。花果期 4 ~ 12 月。

药用价值｜疏风除热、芳香健胃。主治感冒、麻疹内陷、气管炎、肠炎、腹泻、急性传染性肝炎；外用治跌打肿痛。

营养价值｜刺芹具有清热、健胃的食用功效，每 100 g 嫩茎叶含胡萝卜素 1.4 mg、维生素 C 约 33.0 mg 等。

食用部位｜嫩茎叶。

食用方法｜以鲜用为佳，采摘后，用清水洗干净，然后放入开水中略微焯一下，捞出后可凉拌、炒菜。由于香味特殊，常作其他菜肴的配料。

雷公根 | *Centella asiatica* (L.) Urban

别　　名 | 积雪草、马蹄草、崩大碗、蚶壳草、灯盏草、铜钱草

分　　布 | 在中国主要分布于江苏、安徽、浙江、江西、湖南、湖北、四川、贵州、云南、福建、广东、广西等地。

采摘时间 | 海南一年四季都可采收，其他地区是夏秋季采收。

形态特征 | 多年生草本。茎匍匐，细长，节上生根。叶片膜质至草质，圆形、肾形或马蹄形，长 1 ~ 2.8 cm，宽 1.5 ~ 5 cm，边缘有钝锯齿，基部阔心形，两面无毛或在背面脉上疏生柔毛；掌状脉 5 ~ 7，两面隆起，脉上部分叉；叶柄长 1.5 ~ 27 cm，无毛或上部有柔毛，基部叶鞘透明，膜质。伞形花序梗 2 ~ 4 个，聚生于叶腋，长 0.2 ~ 1.5 cm，有或无毛；苞片通常 2，很少 3，卵形，膜质，长 3 ~ 4 mm，宽 2.1 ~ 3 mm；每一伞形花序有花 3 ~ 4，聚集呈头状，花无柄或有 1 mm 长的短柄；花瓣卵形，紫红色或乳白色，膜质，长 1.2 ~ 1.5 mm，宽 1.1 ~ 1.2 mm；花柱长约 0.6 mm；花丝短于花瓣，与花柱等长。果实两侧扁压，圆球形，基部心形至平截形，长 2.1 ~ 3 mm，宽 2.2 ~ 3.6 mm，每侧有纵棱数条，棱间有明显的小横脉，网状，表面有毛或平滑。花果期 4 ~ 10 月。

药用价值 | 具有健脾消肿、清热解毒、益脑提神、行气、利湿、利尿的功效。可治感冒发热、痢疾、肠炎、尿路感染、营养不良性水肿、乳腺炎等。是东方人的长寿药。

营养价值 | 含三萜皂苷、生物碱、草苷、草酸等成分。

食用部位 | 全株。

食用方法 | 雷公根不仅味道清香，营养也很丰富。将它与河里的小鱼虾或肉骨同煮，是极为可口的佳肴。

天胡荽

Hydrocotyle sibthorpioides Lam.

别　　名 | 步地锦

分　　布 | 在中国主要分布于安徽、浙江、江西、湖南、湖北、台湾、福建、广东、广西、海南、四川等地。

采摘时间 | 海南一年四季都可采收，其他地区是夏季采收。

形态特征 | 多年生草本，有气味。茎细长而匍匐，平铺地上成片，节上生根。叶片膜质至草质，圆形或肾圆形，基部心形，两耳有时相接，不分裂或 5～7 裂，裂片阔倒卵形，边缘有钝齿，表面光滑，背面脉上疏被粗伏毛，有时两面光滑或密被柔毛；叶柄长 0.7～9 cm，无毛或顶端有毛；托叶略呈半圆形，薄膜质，全缘或稍有浅裂。伞形花序与叶对生，单生于节上；花序梗纤细；小总苞片卵形至卵状披针形，有黄色透明腺点，背部有 1 条不明显的脉；小伞形花序有花 5～18，花无柄或有极短的柄；花瓣卵形，有腺点；花丝与花瓣同长或稍超出，花药卵形；花柱长 0.6～1 mm。果实略呈心形，成熟时有紫色斑点。花果期 4～9 月。

药用价值 | 全草入药，清热、利尿、消肿、解毒，治黄疸、赤白痢疾、目翳、喉肿、痈疽疔疮、跌打瘀伤。

营养价值 | 含槲皮素、异鼠李素、槲皮素 -3- 半乳糖苷、左旋芝麻素、豆固醇等成分。

食用部位 | 全草。

食用方法 | 煎服。作为野菜清炒。

芫　荽 *Coriandrum sativum* L.

别　　名 | 胡荽、香菜、香荽、延荽

分　　布 | 原产于欧洲地中海地区，现中国东北地区、河北、山东、安徽、江苏、浙江、江西、湖南、广东、广西、陕西、四川、贵州、云南、西藏等地均有栽培。

采摘时间 | 全草春夏可采，夏季采果实。

形态特征 | 一年生或二年生，有强烈气味的草本，高 20～100 cm。根纺锤形，细长，有多数纤细的支根。茎圆柱形，直立，多分枝，有条纹，通常光滑。根生叶有柄，柄长 2～8 cm，叶片一或二回羽状全裂，羽片广卵形或扇形半裂，长 1～2 cm，宽 1～1.5 cm，边缘有钝锯齿、缺刻或深裂；上部的茎生叶三回以至多回羽状分裂，末回裂片狭线形，长 5～10 mm，宽 0.5～1 mm，顶端钝，全缘。伞形花序顶生或与叶对生，花序梗长 2～8 cm；伞辐 3～7，长 1～2.5 cm；小总苞片 2～5，线形，全缘；小伞形花序有孕花 3～9，花白色或带淡紫色；萼齿通常大小不等，小的卵状三角形，大的长卵形；花瓣倒卵形，长 1～1.2 mm，宽约 1 mm，顶端有内凹的小舌片，辐射瓣长 2～3.5 mm，宽 1～2 mm，通常全缘，有 3～5 脉；花丝长 1～2 mm，花药卵形，长约 0.7 mm；花柱幼时直立，果熟时向外反曲。果实圆球形，背面主棱及相邻的次棱明显；油管不明显，或有 1 个位于次棱的下方。胚乳腹面内凹。花果期 4～11 月。

药用价值 | 芫荽性温、味辛，具有发汗透疹、消食下气、醒脾和中之功效，主治麻疹初期透出不畅、食物积滞、胃口不开、脱肛等病症。芫荽辛香升散，能促进胃肠蠕动，有助于开胃醒脾、调和中焦。

营养价值 | 芫荽营养丰富，内含维生素 C、维生素 B1、维生素 B2、胡萝卜素等，同时还含有丰富的矿物质，如钙、铁、磷、镁等。其挥发油含有甘露糖醇、正葵醛、壬醛和芳樟醇等，可开胃醒脾。芫荽内还含有苹果酸钾等，其所含的维生素 C 的量比普通野菜高得多，一般人每天食用 7～10 g 芫荽叶就能满足人体对维生素 C 的需求量。芫荽中所含的胡萝卜素要比西红柿、菜豆、黄瓜等高出 10 倍多。

食用部位 | 食用嫩叶，鲜根、茎汁可供药用。

食用方法 | 芫荽嫩茎和鲜叶有种特殊的香味，常被用作菜肴的点缀、提味之品，是人们喜欢食用的佳蔬之一。也可去杂质后切断晒干。

波罗蜜

Artocarpus macrocarpus Lam.

别　　名 | 苞萝、木菠萝、树菠萝、大树菠萝、蜜冬瓜、牛肚子果

分　　布 | 在中国主要分布于福建、台湾、广东、广西、海南等地。

采摘时间 | 夏季采收。

形态特征 | 常绿乔木。高 10～20 m，胸径达 30～50 cm。老树常有板状根。树皮厚，黑褐色；小枝粗 2～6 mm，具纵皱纹至平滑，无毛。叶革质，螺旋状排列，椭圆形或倒卵形，长 7～15 cm 或更长，宽 3～7 cm，先端钝或渐尖，基部楔形，成熟之叶全缘，或在幼树和萌发枝上的叶常分裂，表面墨绿色，干后浅绿或淡褐色，无毛，有光泽，背面浅绿色，略粗糙；叶肉细胞具长臂，组织中有球形或椭圆形树脂细胞；侧脉羽状，每边 6～8 条，中脉在背面显著凸起；叶柄长 1～3 cm；托叶抱茎，卵形，长 1.5～8 cm，外面被贴伏柔毛或无毛，脱落，遗痕明显。花雌雄同株，花序生老茎或短枝上；雄花序有时着生于枝端叶腋或短枝叶腋，圆柱形或棒状椭圆形，长 2～7 cm，花多数，其中有些花不发育，总花梗长 10～50 mm；雄花花被管状，长 1～1.5 mm，上部 2 裂，被微柔毛，雄蕊 1 枚，花丝在蕾中直立，花药椭圆形，无退化雌蕊；雌花花被管状，顶部齿裂，基部陷于肉质球形花序轴内，子房 1 室。聚花果椭圆形至球形，或不规则形状，长 30～100 cm，直径 25～50 cm，幼时浅黄色，成熟时黄褐色，表面有坚硬六角形瘤状凸体和粗毛；核果长椭圆形，长约 3 cm，直径 1.5～2 cm。花期 2～3 月，果期 6～11 月。

药用价值 | 服用波罗蜜后能加强体内纤维蛋白的水解作用，可将阻塞于组织与血管内的纤维蛋白及血凝块溶解，从而改善局部血液、体液循环，使炎症和水肿消退，对脑血栓及其他血栓所引起的疾病有一定的辅助治疗作用。

营养价值 | 波罗蜜中含有丰富的糖类，蛋白质，B 族维生素（B1、B2、B6），维生素 C，矿物质，脂肪油等。其主要治疗的物质是从波罗蜜汁液和果皮中提取的一种叫做波罗蜜蛋白质的物质。波罗蜜中的糖类、蛋白质、脂肪油、矿物质和维生素对维持机体的正常生理机能有一定作用。

食用部位 | 果实。

食用方法 | 绿色未成熟的果实可做野菜使用，将其炒熟食用，味美如栗，一般像烹煮花生的方法，直接放热开水煮熟，即可以食用。

苹果榕 *Ficus oligodon* Miq.

别　　名丨地瓜、橡胶树、木瓜果、老威蜡（河口谣语）

分　　布丨在中国主要分布于海南、广西、云南等地。

采摘时间丨夏季采收。

形态特征丨小乔木。高 5～10 m，胸径 10～15 cm。树皮灰色，平滑；树冠宽阔；幼枝略被柔毛。叶互生，纸质，倒卵椭圆形或椭圆形，长 10～25 cm，宽 6～23 cm，顶端渐尖至急尖，基部浅心形至宽楔形，边缘在叶片 1/3 以上具不规则粗锯齿数对，表面无毛，背面密生小瘤体；幼叶中脉和侧脉疏生白色细毛，基生侧脉延伸至叶片中部以上，侧脉 4～ 5 对在背面隆起，近基部的一对与其他侧脉相距较远；叶柄长 4～6 cm；托叶卵状披针形，无毛或被微柔毛，长 1～1.5 cm，早落。雄花具短柄，生榕果内壁口部，花被薄膜质，顶端 2 裂，雄蕊 2 枚；瘿花有柄，生内壁中下部，多数，花被合生，薄膜质，子房倒卵形，花柱短，侧生；雌花生于另一植株榕果内壁，有短柄，花被 3 裂，花柱侧生，较瘿花花柱长，柱头有毛。榕果簇生于老茎发出的短枝上，梨形或近球形，直径 2～3.5 cm，表面有 4～6 条纵棱和小瘤体，被微柔毛；果实成熟深红色，顶部压扁，基部缢缩为短柄，顶生苞片卵圆形，排列为莲座状，基生苞片 3，三角状卵形；总梗长 2.5～3.5 cm。花期 9 月至翌年 4 月，果期 5～6 月。

药用价值丨叶清热、解表、化湿，用于流行性感冒、疟疾、支气管炎、急性肠炎、细菌性痢疾、百日咳；气根可发汗、清热、透疹，用于感冒高热、扁桃体炎、风湿骨痛、跌打损伤。

营养价值丨每 100 g 可食部位含胡萝卜素 2.06 mg、维生素 B2 0.82 mg、维生素 C46 mg。

食用部位丨茎叶。

食用方法丨全年可采摘嫩叶或嫩尖炒食；夏秋采果生食，味甜；未成熟果可煮食。

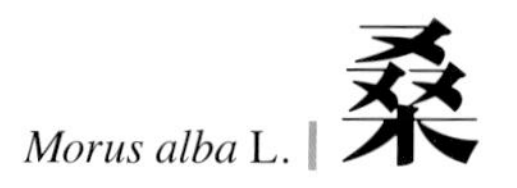

桑

Morus alba L.

别　　名｜桑椹、桑椹子、桑蔗、桑枣、桑果、桑泡儿、乌椹

分　　布｜原产中国中部和北部。中国东北至西南各地区，西北直至新疆均有栽培。

采摘时间｜夏季采收。

形态特征｜乔木或为灌木。高 3～10 m 或更高，胸径可达 50 cm。树皮厚，灰色，具不规则浅纵裂；冬芽红褐色，卵形，芽鳞覆瓦状排列，灰褐色，有细毛；小枝有细毛。叶卵形或广卵形，长 5～15 cm，宽 5～12 cm，先端急尖、渐尖或圆钝，基部圆形至浅心形，边缘锯齿粗钝，有时叶为各种分裂，表面鲜绿色，无毛，背面沿脉有疏毛，脉腋有簇毛；叶柄长 1.5～5.5 cm，具柔毛；托叶披针形，早落，外面密被细硬毛。花单性，腋生或生于芽鳞腋内，与叶同时生出；雄花序下垂，长 2～3.5 cm，密被白色柔毛，雄花花被片宽椭圆形，淡绿色；花丝在芽时内折，花药 2 室，球形至肾形，纵裂；雌花序长 1～2 cm，被毛，总花梗长 5～10 mm，被柔毛；雌花无梗，花被片倒卵形，顶端圆钝，外面和边缘被毛，两侧紧抱子房；无花柱，柱头 2 裂，内面有乳头状凸起。聚花果卵状椭圆形，长 1～2.5 cm，成熟时红色或暗紫色。花期 4～5 月，果期 5～8 月。

药用价值｜桑叶可疏散风热、清肺、明目。主风热感冒、风温初起、发热头痛、汗出恶风、咳嗽胸痛或肺燥干咳无痰、咽干口渴、风热及肝阳上扰、目赤肿痛。

营养价值｜桑葚中的脂肪酸具有分解脂肪、降低血脂，防止血管硬化等作用；桑葚含有乌发素，能使头发变得黑而亮泽；桑椹有改善皮肤（包括头皮）血液供应、营养肌肤，有使皮肤白嫩及乌发等作用，并能延缓衰老；桑椹具有免疫促进作用，可以防癌抗癌；桑椹主入肝肾，善滋阴养血、生津润燥，适于肝肾阴血不足及津亏消渴、肠燥等症；常食桑椹可以明目，缓解眼睛疲劳干涩的症状。

食用部位｜果实。

食用方法｜桑葚可供食用、酿酒。

美洲商陆 | *Phytolacca americana* L.

别　　名 | 十蕊商陆、洋商陆叶、垂序商陆

分　　布 | 原产于北美洲。中国以下省份亦有分布：河北、北京、天津、陕西、山西、山东、江苏、安徽、浙江、上海、江西、福建、台湾、河南、湖北、湖南、广东、广西、四川、重庆、云南、贵州、海南。

采摘时间 | 春季。

形态特征 | 多年生草本。植株高1～2m。根肥大，倒圆锥形。茎直立或披散，圆柱形，有时带紫红色。叶大，长椭圆形或卵状椭圆形，质柔嫩，长15～30 cm，宽3～10 cm。总状花序顶生或侧生，花序梗长4～12cm；花白色，微带红晕；雄蕊、心皮及花柱均为8～12，心皮合生；花被片通常5，卵圆形，白色或淡红色。浆果扁球形，多汁液，熟时紫黑色，果序下垂，轴不增粗。种子平滑。夏秋季开花。

药用价值 | 止咳、利尿、消肿。

营养价值 | 根含脂肪油、商陆甾醇、卅一烷、花生酸、棕榈酸、油酸、十七酸、齐墩果酸及硝酸钾；叶含山柰酚及其3-D-本糖苷、黄耆苷、瑞诺苷、异槲皮苷、菸花苷、芸香苷等；成熟果实含红棕色色素，其中约95%是商陆素；种子含脂肪曲12%及α-菠菜甾醇、卅一烷、乙酰齐墩果酸等。

食用部位 | 嫩芽。

食用方法 | 商陆有两种，茎紫红者有毒，不能食用，而绿茎商陆苗是一种优质野生森林菜蔬。绿茎商陆地上部分一般在秋冬落叶枯萎，第二年春季萌发嫩芽，是上等的野菜品种。

薯 蓣

Dioscorea polystachya Turczaninow

别　　名｜山药、怀山药、淮山药、土薯、山薯、玉延、山芋、野薯、白山药

分　　布｜中国、朝鲜、日本。

采摘时间｜秋冬季采收。

形态特征｜缠绕草质藤本。块茎长圆柱形，垂直生长，长可逾 1 m，断面干时白色。茎通常带紫红色，右旋，无毛。单叶，在茎下部的互生，中部以上的对生，很少 3 叶轮生；叶片变异大，卵状三角形至宽卵形或戟形，长 3～9（16）cm，宽 2～7（14）cm，顶端渐尖，基部深心形、宽心形或近截形，边缘常 3 浅裂至 3 深裂，中裂片卵状椭圆形至披针形，侧裂片耳状、圆形、近方形至长圆形；幼苗时一般叶片为宽卵形或卵圆形，基部深心形；叶腋内常有珠芽。雌雄异株。雄花序为穗状花序，长 2～8 cm，近直立，2～8 个着生于叶腋，偶而呈圆锥状排列；花序轴明显地呈"之"字状曲折；苞片和花被片有紫褐色斑点；雄花的外轮花被片为宽卵形，内轮卵形，较小；雄蕊 6。雌花序为穗状花序，1～3 个着生于叶腋。蒴果不反折，三棱状扁圆形或三棱状圆形，长 1.2～2 cm，宽 1.5～3 cm，外面有白粉。种子着生于每室中轴中部，四周有膜质翅。花期 6～9 月，果期 7～11 月。

药用价值｜主中焦脾胃之气损伤，补虚弱、除寒热邪气、益气力、长肌肉、滋补肾阴。久食薯蓣，令人耳聪目明、轻身不饥、延年益寿。还可去头晕目眩，头面游风（头面部浮肿、瘙痒起皮、渗液结痂），下气，止腰痛，治虚劳羸瘦，充五脏，除烦热，补五劳七伤，祛冷风，镇心神，安魂魄，补心气不足，开通心窍，增强记忆，强筋骨，治泄清健忘，益肾气，健脾胃，止泄痢，化痰涎，润肤养发。把薯蓣捣碎后贴硬肿处，能使其消散。

营养价值｜是人类最早食用的植物之一。薯蓣块茎肥厚多汁，又甜又绵，且带黏性，生食热食都是美味。其块茎中平均含粗蛋白质 14.48%，粗纤维 3.48%，淀粉 43.7%，糖 1.14%，钾 2.62%，磷 0.20%，钙 0.20%，镁 0.14%，灰分 5.51%，还含铁、锌、铜、锰等。人类所需的 18 种氨基酸中，薯蓣中含有 16 种。

食用部位｜根茎。

食用方法｜煮粥、煲汤。

星　蕨 *Microsorium punctatum* (L.) Copel.

别　　名 大叶骨牌草、七星剑、旋鸡尾

分　　布 分布于中国华南、西南地区及台湾等地。

采摘时间 全年均可采收地区。

形态特征 附生，植株高 40 ~ 60 cm。根状茎短而横走，粗壮，粗 6 ~ 8 mm，有少量的环形维管束鞘，多为星散的厚壁组织，根状茎近光滑而被白粉，密生须根，疏被鳞片；鳞片阔卵形，长约 3 mm，基部阔而成圆形，顶端急尖，边缘稍具齿，盾状着生，粗筛孔状，暗棕色，中部的颜色较深，易脱落。叶近簇生；叶柄粗壮，短或近无柄，长不及 1 cm，粗 3 ~ 4 mm，禾秆色，基部疏被鳞片，有沟；叶片阔线状披针形，长 35 ~ 55 cm，宽 5 ~ 8 cm，顶端渐尖，基部长渐狭而形成狭翅，或呈圆楔形或近耳形，叶缘全缘或有时略呈不规则的波状；侧脉纤细而曲折，两面均可见，相距 1.5 cm，小脉连结成多数不整齐的网眼，两面均不明显，在光线下则清晰可见，内藏小脉分叉；叶纸质，淡绿色。孢子囊群直径约 1 mm，橙黄色，通常只叶片上部能育，不规则散生或有时密集为不规则汇合，一般生于内藏小脉的顶端；孢子豆形，周壁平坦至浅瘤状。

药用价值 可治流行性感冒、哮喘、支气管炎、黄疸、小儿惊风、肺痨咳嗽、风湿性关节炎、淋症、尿路结石、痢疾、白带、蛇虫咬伤、无名肿毒、疔毒痈疽、外伤出血、热淋、小便不利、赤白带下、痢疾、咳血、痔疮出血、瘰疬结核、痈肿疮毒、毒蛇咬伤、风湿疼痛、跌打骨折。

营养价值 主要成分有多糖和尿囊素。

食用部位 全株。

食用方法 内服。洗净，鲜用或晒干。

翅荚决明

Senna alata (L.) Roxburgh

别　　名｜具翅决明、有翅决明、翅叶槐、黄花槐

分　　布｜分布于广东、海南和云南南部地区。生于疏林或较干旱的山坡上。原产于美洲热带地区，现广布于全球热带地区。

采摘时间｜叶一年四季都可采摘，果实成熟后采摘。

形态特征｜直立灌木。高 1.5～3 m，枝粗壮，绿色。叶长 30～60 cm。在靠腹面的叶柄和叶轴上有 2 条纵棱条，有狭翅，托叶三角形；小叶 6～12 对，薄革质，倒卵状长圆形或长圆形，长 8～15 cm，宽 3.5～7.5 cm，顶端圆钝而有小短尖头，基部斜截形，下面叶脉明显凸起；小叶柄极短或近无柄。花序顶生和腋生，具长梗，单生或分枝，长 10～50 cm；花直径约 2.5 cm，芽时为长椭圆形、膜质的苞片所覆盖；花瓣黄色，有明显的紫色脉纹；位于上部的 3 枚雄蕊退化，7 枚雄蕊发育，下面二枚的花药大，侧面的较小。荚果长带状，长 10～20 cm，宽 1.2～1.5 cm，每果瓣的中央顶部有直贯至基部的翅，翅纸质，具圆钝的齿。种子 50～60 颗，扁平，三角形。花期 11 月至翌年 1 月，果期 12 月至翌年 2 月。

药用价值｜具有降压清血的作用，还可用作缓泻剂，可以有效地去除体内的蛔虫，作为一种驱虫药使用。

营养价值｜叶子或枝液中含有大黄酚。

食用部位｜叶和种子。

食用方法｜煮汤。

铁刀木 *Senna siamea* (Lam.) H. S. Irwin et Barneby

别　　名丨泰国山扁豆、孟买黑檀、孟买蔷薇木、黑心树

分　　布丨主要分布在印度、泰国、斯里兰卡、马来西亚、缅甸。中国福建、台湾的南部、广东、海南、广西南部、云南南部和西部也都有种植。

采摘时间丨一年四季均可采收。

形态特征丨常绿乔木。高约 10 m；树皮灰色，近光滑，稍纵裂；嫩枝有棱条，疏被短柔毛。叶长 20～30 cm；叶轴与叶柄无腺体，被微柔毛；小叶对生，6～10 对，革质，长圆形或长圆状椭圆形，长 3～6.5 cm，宽 1.5～2.5 cm，顶端圆钝，常微凹，有短尖头，基部圆形，上面光滑无毛，下面粉白色，边全缘；小叶柄长 2～3 mm；托叶线形，早落。总状花序生于枝条顶端的叶腋，并排成伞房花序状；苞片线形，长 5～6 mm；萼片近圆形，不等大，外生的较小，内生的较大，外被细毛；花瓣黄色，阔倒卵形，长 12～14 mm，具短柄；雄蕊 10 枚，其中 7 枚发育，3 枚退化，花药顶孔开裂；子房无柄，被白色柔毛。荚果扁平，长 15～30 cm，宽 1～1.5 cm，边缘加厚，被柔毛，熟时带紫褐色。种子 10～20 颗。花期 10～11 月，果期 12 月至翌年 1 月。因材质坚硬、刀斧难入而得名。

药用价值丨民间常用来治疗风湿性关节炎、痞满腹胀、胃肠病、脚扭伤等。

营养价值丨含有各种酚类、糖苷类、甾醇类物质。

食用部位丨根皮。

食用方法丨煎服。

洋金凤

Caesalpinia pulcherrima (L.) Sw.

别　　名 | 黄金凤、蛱蝶花、黄蝴蝶、红蝴蝶

分　　布 | 原产于西印度群岛。中国云南、广西、广东、海南和台湾均有栽培。为热带地区有价值的观赏树木之一。

形态特征 | 大灌木或小乔木。枝光滑，绿色或粉绿色，散生疏刺。二回羽状复叶长 12～26 cm；羽片 4～8 对，对生，长 6～12 cm；小叶 7～11 对，长圆形或倒卵形，长 1～2 cm，宽 4～8 mm，顶端凹缺，有时具短尖头，基部偏斜；小叶柄短。总状花序近伞房状，顶生或腋生，疏松，长达 25 cm；花梗长短不一，长 4.5～7 cm；花托凹陷成陀螺形，无毛；萼片 5，无毛，最下一片长约 14 mm，其余的长约 10 mm；花瓣橙红色或黄色，圆形，长 1～2.5 cm，边缘皱波状，柄与瓣片几乎等长；花丝红色，远伸出于花瓣外，长 5～6 cm，基部粗，被毛；子房无毛，花柱长，橙黄色。荚果狭而薄，倒披针状长圆形，长 6～10 cm，宽 1.5～2 cm，无翅，先端有长喙，无毛，不开裂，成熟时黑褐色。种子 6～9 颗。花果期几乎全年。

药用价值 | 具有祛风散寒、除湿、行血破瘀、消肿止痛功效。用于风寒感冒、风湿关节炎、跌打损伤、口腔炎、腮腺炎、头痛、牙痛和喉痛等。

营养价值 | 富含多酚和黄酮。

食用部位 | 根。

食用方法 | 与猪肉放在一起炖制后食用。

羊蹄甲 *Bauhinia purpurea* L.

别　　名丨玲甲花、洋紫荆、紫荆花

分　　布丨分布于中国华南地区如福建、广东、广西、云南、广州、海南等地。越南、印度也有分布。

采摘时间丨根、树皮全年可采，叶及花夏季采。

形态特征丨乔木或直立灌木。高 7～10 m；树皮厚，近光滑，灰色至暗褐色；枝初时略被毛，毛渐脱落。叶硬纸质，近圆形，长 10～15 cm，宽 9～14 cm，基部浅心形，先端分裂达叶长的 1/3～1/2，裂片先端圆钝或近急尖，两面无毛或下面薄被微柔毛；基出脉 9～11 条；叶柄长 3～4 cm。总状花序侧生或顶生，少花，长 6～12 cm，有时 2～4 个生于枝顶而成复总状花序，被褐色绢毛；花蕾多少纺锤形；具 4～5 棱或狭翅，顶钝；花梗长 7～12 mm；萼佛焰状，一侧开裂达基部成外反的 2 裂片，裂片长 2～2.5 cm，先端微裂，其中一枚具 2 齿，另一枚具 3 齿；花瓣桃红色，倒披针形，长 4～5 cm，具脉纹和长的瓣柄；能育雄蕊 3，花丝与花瓣等长；退化雄蕊 5～6，长 6～10 mm；子房具长柄，被黄褐色绢毛，柱头稍大，斜盾形。荚果带状，扁平，长 12～25 cm，宽 2～2.5 cm，略呈弯镰状，成熟时开裂，木质的果瓣扭曲将种子弹出。种子近圆形，扁平，直径 12～15 mm，种皮深褐色。花期 9～11 月，果期 2～3 月。

药用价值丨根止血、健脾，用于咯血、消化不良；树皮健脾燥湿，用于消化不良、急性胃肠炎；叶润肺止咳，用于咳嗽、便秘；花消炎，用于肺炎、支气管炎。

营养价值丨含没食子酸、胡萝卜苷、儿茶素、β－谷甾醇等。

食用部位丨花。

食用方法丨晒干。花瓣可凉拌、热炒，也可炖汤、泡茶，但一般多做其他食物的佐料。也可切碎拌入肉糜、鱼糜或糖馅中。

苏 铁

Cycas revoluta Thunb.

别　　名 | 铁树、辟火蕉、凤尾蕉、凤尾松、凤尾草

分　　布 | 产于中国福建、台湾、广东，各地常有栽培。在海南、福建、广东、广西、江西、云南、贵州及四川东部等地多栽植于庭园，江苏、浙江及华北各地区多栽于盆中，冬季置于温室越冬。

采摘时间 | 全年都可采摘叶片。

形态特征 | 树干高约 2 m，稀达 8 m 或更高。羽状叶从茎的顶部生出，下层的向下弯，上层的斜上伸展，整个羽状叶的轮廓呈倒卵状狭披针形，长 75～200 cm；叶轴横切面四方状圆形，柄略成四角形，两侧有齿状刺，水平或略斜上伸展，刺长 2～3 mm；羽状裂片达 100 对以上，条形，厚革质，坚硬，长 9～18 cm，宽 4～6 mm，向上斜展微成“V”字形，边缘显著地向下反卷，上部微渐窄，先端有刺状尖头，基部窄，两侧不对称，下侧下延生长，上面深绿色有光泽，中央微凹，凹槽内有稍隆起的中脉，下面浅绿色；中脉显著隆起，两侧有疏柔毛或无毛。雄球花圆柱形，长 30～70 cm，直径 8～15 cm，有短梗；小孢子飞叶窄楔形，长 3.5～6 cm，顶端宽平，其两角近圆形，宽 1.7～2.5 cm，有急尖头，尖头长约 5 mm，直立，下部渐窄，上面近于龙骨状，下面中肋及顶端密生黄褐色或灰黄色长绒毛；花药通常 3 枚聚生；大孢子叶长 14～22 cm，密生淡黄色或淡灰黄色绒毛，上部的顶片卵形至长卵形，边缘羽状分裂，裂片 12～18 对，条状钻形，长 2.5～6 cm，先端有刺状尖头；胚珠 2～6 枚，生于大孢子叶柄的两侧，有绒毛。种子红褐色或橘红色，倒卵圆形或卵圆形，稍扁，长 2～4 cm，直径 1.5～3 cm，密生灰黄色短绒毛，后渐脱落；中种皮木质，两侧有两条棱脊，上端无棱脊或棱脊不显著，顶端有尖头。花期 6～7 月，种子 10 月成熟。

药用价值 | 有治痢疾、止咳和止血之效。具有清热、止血、散瘀的功效，还能够治疗跌打肿痛、尿血、胃痛等症。

营养价值 | 种子含油和丰富的淀粉，茎内含淀粉，可供食用。叶片主要化学成分是糖类和氨基酸。

食用部位 | 茎。

食用方法 | 作为淀粉来源食用。

砖子苗 | *Cyperus cyperoides* (L.) Kuntze

别　　名 | 关子苗、三棱草、大香附子、三角草、玛玛机机（藏语）

分　　布 | 产于中国陕西、湖北、湖南、江苏、浙江、安徽、江西、福建、台湾、广东、海南、广西、贵州、云南、四川。生长于海拔 200 ~ 3200 m 的山坡阳处、路旁草地、溪边及松林下。

采摘时间 | 夏秋季采收。

形态特征 | 多年生草本。根状茎短。秆疏丛生，高 10 ~ 50 cm，锐三棱形，平滑，基部膨大，具稍多叶。叶短于秆或几与秆等长，宽 3 ~ 6 mm，下部常折合，向上渐成平张，边缘不粗糙；叶鞘褐色或红棕色。叶状苞片 5 ~ 8 枚，通常长于花序，斜展；长侧枝聚伞花序简单，具 6 ~ 12 个或更多些辐射枝，辐射枝长短不等，有时短缩，最长达 8 cm；穗状花序圆筒形或长圆形，长 10 ~ 25 mm，宽 6 ~ 10 mm，具多数密生的小穗；小穗平展或稍俯垂，线状披针形，长 3 ~ 5 mm，宽约 0.7 mm，具 1 ~ 2 枚小坚果；小穗轴具宽翅，翅披针形，白色透明；鳞片膜质，长圆形，顶端钝，无短尖，长约 3 mm，边缘常内卷，淡黄色或绿白色，背面具多数脉，中间 3 条脉明显，绿色；雄蕊 3，花药线形，药隔稍凸出；花柱短，柱头 3 个，细长。小坚果狭长圆形，三棱形，长约为鳞片的 2/3，初期麦秆黄色，表面具微凸起细点。花果期 4 ~ 10 月。

药用价值 | 具有祛风解表、止咳化痰、解郁调经之功效。用于风寒感冒、咳嗽痰多、皮肤瘙痒、月经不调。

食用部位 | 全草。

食用方法 | 洗净，切段，晒干后煎汤。

海南山竹子

Garcinia oblongifolia Champ. ex Benth.

别　　名｜岭南倒捻子、金赏、罗蒙树、酸桐木、黄牙桔、严芽桔、竹节果、黄牙树、赤过、麦芽仔、鸠酸、山竹子、粘牙仔

分　　布｜在中国主要分布于海南、广东、广西、江西、福建、台湾和云南等地。

采摘时间｜秋冬季采摘。

形态特征｜乔木或灌木。可高 5～15 m，胸径可达 30 cm；树皮深灰色。老枝通常具断环纹。叶片近革质，长圆形、倒卵状长圆形至倒披针形，长 5～10 cm，宽 2～3.5 cm，顶端急尖或钝，基部楔形，干时边缘反卷；中脉在上面微隆起，侧脉 10～18 对；叶柄长约 1 cm。花小，直径约 3 mm，单性，异株，单生或成伞形状聚伞花序；花梗长 3～7 mm。雄花：萼片等大，近圆形，长 3～5 mm；花瓣橙黄色或淡黄色，倒卵状长圆形，长 7～9 mm；雄蕊多数，合生成 1 束，花药聚生成头状，无退化雌蕊。雌花：萼片、花瓣与雄花相似；退化雄蕊合生成 4 束，短于雌蕊；子房卵球形，8～10 室，无花柱，柱头盾形，隆起，辐射状分裂，上面具乳头状瘤突。浆果卵球形或圆球形，长 2～4 cm，直径 2～3.5 cm，基部萼片宿存，顶端承以隆起的柱头。花期 4～5 月，果期 10～12 月。

药用价值｜消炎止痛、收敛生肌。用于肠炎、小儿消化不良、胃及十二指肠溃疡、溃疡病轻度出血、口腔炎、牙周炎；外用治烧烫伤、下肢溃疡、湿疹。

营养价值｜含有丰富的钙质、磷质、维生素 B 和维生素 C 等。种子含油量 60.7%，种仁含油量 70.0%。

食用部位｜果实。

食用方法｜果可直接食用。

过沟菜蕨 *Diplazium esculentum* (Retzius) Sw.

别　　名｜山凤尾、食用双盖蕨、过猫、过衰猫、蕨猫、蕨山猫、山猫、蕨萁、过沟菜

分　　布｜分布于中国江西、安徽、浙江、福建、台湾、广东、海南、香港、湖南（武岗）、广西、四川、贵州、云南东南部等亚洲的热带和亚热带地区。生于海拔 100～1200 m的山谷林下湿地及河沟边。

采摘时间｜夏季。

形态特征｜多年生草本。根茎粗大，外被有黑褐色鳞片，鳞片基部大，圆弧状，往上渐细，先端尖，长 0.5 cm 左右，黑褐色至淡褐色。植株丛生，具短直立茎。叶片形状随生长过程而有明显变异，幼时为一回羽状复叶，羽片宽大，之后随成熟度转变为二至三回羽状复叶，叶片最末裂片之侧脉连结，形成小毛蕨脉型。叶身长约 90cm，宽约 62cm；叶柄丛生，柄长约 16cm，茎短缩，直立可达 50cm。孢子囊线形，沿小叶脉两侧或单侧生长，单一或成对出现。

药用价值｜利尿、散结、固胃、健脾。治胃病、心胸郁闷、发育不良。全草煎服，解热去郁结，并为妇女产后药。

营养价值｜富含氨基酸、蕨素、蕨苷、胆碱、乙酰蕨素、甾醇等。

食用部位｜幼芽。

食用方法｜当嫩芽尚未展开或稍展开而叶柄尚易折取时，摘取其细嫩翠绿茎叶供食用，纤维少，品质佳。烹调法以炒食、煮食为主，为一道健康美味乡土野菜。产期集中在夏季，雨水越多生长越佳，为台风天最佳的绿叶野菜。

大野芋

Colocasia gigantea (Blume) Hook. f.

别　　名丨山野芋、水芋、象耳芋、抬板七、抬板蕉、滴水芋

分　　布丨产于中国云南、广西、广东、福建、江西。常见于海拔 100～700 m 的沟谷地带，特别是石灰岩地区。生于林下湿地或石缝中，多与海芋混生。

采摘时间丨夏秋采摘。

形态特征丨多年生常绿草本。根茎倒圆锥形，粗 3～5 cm，长 5～10 cm，直立。叶丛生；叶柄淡绿色，具白粉，长可达 1.5 m，下部 1/2 鞘状，闭合；叶片长圆状心形、卵状心形，长可达 1.3 m，宽可达 1 m，有时更大，边缘波状，后裂片圆形，裂弯开展。花序柄近圆柱形，常 5～8 枚并列于同一叶柄鞘内，先后抽出，长 30～80 cm，粗 1～2 cm，每一花序柄围以 1 枚鳞叶；鳞叶膜质，披针形，渐尖，长与花序柄近相等，展平宽 3 cm，背部有 2 条棱凸；佛焰苞长 12～24 cm，管部绿色，椭圆状，长 3～6 cm，粗 1.5～2 cm，席卷，檐部长 8～19 cm，粉白色，长圆形或椭圆状长圆形，基部兜状，舟形展开，直径 2～3 cm，锐尖，直立；肉穗花序长 9～20 cm，雌花序圆锥状，奶黄色，基部斜截形；不育雄花序长圆锥状，长 3～4.5 cm，下部粗 1～2 cm；能育雄花序长 5～14 cm，雄花棱柱状，长 4 mm，雄蕊 4，药室长圆柱形。附属器极短小，锥状，长 1～5 mm。浆果圆柱形，长 5 mm。种子多数，纺锤形，有多条明显的纵棱。花期 4～6 月，果期 9 月。由于本种生境和外形均与海芋相同或相似，在野外和室内都常误认为是海芋 *Alocasia macrorrhiza*，但海芋叶鞘展开；子房具基底胎座，胚珠少数，直立；花序柄和叶柄绿色或紫色无白粉；附属器圆锥状，长 3～5.5 cm，粗 1～2 cm，有不规则槽纹。本种叶鞘闭合；子房具侧膜胎座；种子多数；花序柄和叶柄粉绿色；附属器极短小，锥状，长 1～5 mm，应易于区别。

药用价值丨根茎入药，能解毒消肿、祛痰镇痉。

营养价值丨大野芋叶柄中膳食纤维含量高达 43%，富含钾、钙、镁、磷等多种元素，且富含烟酸和维生素 B6、谷氨酸等。

食用部位丨根茎。

食用方法丨煎汤。

海 芋 *Alocasia odora* (Roxb.) K. Koch

别　　名 | 巨型海芋、滴水观音

分　　布 | 产中国江西、福建、台湾、湖南、广东、广西、四川、贵州、云南、海南等地的热带和亚热带地区。常成片生长于海拔 1700 m 以下热带雨林林缘或河谷野芭蕉林下。

采摘时间 | 热带地区一年四季都可采摘。

形态特征 | 大型常绿草本。具匍匐根茎，有直立的地上茎，随植株的年龄和人类活动干扰的程度不同，茎高有不到 10 cm 的，也有高达 3～5 m 的，粗 10～30 cm，基部长出不定芽条。叶多数；叶柄绿色或乌紫色，螺状排列，粗厚，长可达 1.5 m，基部连鞘宽 5～10 cm，展开；叶片亚革质，草绿色，箭状卵形，边缘波状，长 50～90 cm，宽 40～90 cm，有的长宽都在 1 m 以上；后裂片联合 1/10～1/5，幼株叶片联合较多；前裂片三角状卵形，先端锐尖，长胜于宽，I 级侧脉 9～12 对，下部的粗如手指，向上渐狭；后裂片多少圆形，弯缺锐尖，有时几达叶柄，后基脉互交成直角或不及 90° 的锐角；叶柄和中肋变黑色、褐色或白色。花序柄 2～3 枚丛生，圆柱形，长 12～60 cm，通常绿色，有时乌紫色；佛焰苞管部绿色，长 3～5 cm，粗 3～4 cm，卵形或短椭圆形；檐部蕾时绿色，花时黄绿色、绿白色，凋萎时变黄色、白色，舟状，长圆形，略下弯，先端喙状，长 10～30 cm，宽 4～8 cm。肉穗花序芳香，雌花序白色，长 2～4 cm，不育雄花序绿白色，长 5～6 cm，能育雄花序淡黄色，长 3～7 cm；附属器淡绿色至乳黄色，圆锥状，长 3～5.5 cm，粗 1～2 cm，嵌以不规则的槽纹。浆果红色，卵状，长 8～10 mm，粗 5～8 mm。种子 1～2。花期四季，但在密阴的林下常不开花。

药用价值 | 块茎供药用，对腹痛、霍乱、疝气等有良效，又可治肺结核、风湿关节炎、气管炎、流感、伤寒、风湿心脏病；外用治疗疮肿毒、蛇虫咬伤、烫火伤。调煤油外用治神经性皮炎。兽医用以治牛伤风、猪丹毒。

食用部位 | 根茎。

食用方法 | 海芋有毒，必须用大米共炒至焦黄，久煎（2 小时以上）去毒，方可内服。生用或煎煮时间过短，会引起舌肿麻木，甚者有中枢神经中毒症状。轻症可饮米醋或生姜解毒。

野 芋

Colocasia antiquorum Schott.

别　　名 | 老芋、野芋艿、野芋头、红芋荷、野芋荷、野山芋、土芝、麻芋子、石芋

分　　布 | 产于中国江南各地区。常生长于林下阴湿处。

采摘时间 | 夏秋采收。

形态特征 | 湿生草本。块茎球形，有许多发亮的芽眼和多数须根。匍匐茎常从块茎基部外伸，长或短，具小球茎。叶柄肥厚，直立，长可达 1.2 m；叶片薄革质，表面略发亮，盾状卵形，基部心形，长达 50 cm 以上；前裂片宽卵形，锐尖，长稍胜于宽，I 级侧脉 4 ~ 8 对；后裂片卵形，钝，长约为前裂片的 1/2，2/3 ~ 3/4 甚至完全联合，基部弯缺为宽钝的三角形或圆形，基脉相交成 30° ~ 40° 的锐角。花序柄比叶柄短许多；佛焰苞苍黄色，长 15 ~ 25 cm，管部淡绿色，长圆形，为檐部长的 1/5 ~ 1/2，檐部狭长的线状披针形，先端渐尖；肉穗花序短于佛焰苞，雌花序与不育雄花序等长，各长 2 ~ 4 cm，能育雄花序和附属器各长 4 ~ 8 cm；子房具极短的花柱。本种也很少开花，营养体的特点是叶片卵形，基部裂片几全长合生。

药用价值 | 辛、寒，有小毒。

营养价值 | 富含维生素、氨基酸和膳食纤维等。

食用部位 | 以全草及块茎入药。

食用方法 | 煎汤。

紫　芋 Colocasia esculenta (L.) Schott.

别　　名 | 水芋、野芋子、东南芋、老虎广菜

分　　布 | 分布在中国各地。

采摘时间 | 夏秋季采摘为宜。

形态特征 | 块茎粗厚，侧生小球茎若干枚，倒卵形，多少具柄，表面生褐色须根。叶 1～5，由块茎顶部抽出，高 1～1.2 m；叶柄圆柱形，向上渐细，紫褐色；叶片盾状，卵状箭形，深绿色，基部具弯缺，侧脉粗壮，边缘波状，长 40～50 cm，宽 25～30 cm；花序柄单一，外露部分长 12～15 cm，粗 1 cm，先端污绿色，余与叶柄同色；佛焰苞管部长 4.5～7.5 cm，粗 2～2.7 cm，多少具纵棱，绿色或紫色，向上缢缩，变白色；檐部厚，席卷成角状，长 19～20 cm，金黄色，基部前面张开，长约 5 cm，粗 1.5～2.5 cm；肉穗花序两性；基部雌花序长 3～4.5 cm，粗 1.2 cm，不育雄花序长 1.5～2.2 cm，粗 4～7 mm，花黄色，顶部带紫色；雄花序长 3.5～5.7 cm，粗 6～8 mm，雄花黄色；附属器角状，长 2 cm，粗 0.4 cm，具细槽纹；子房绿色，长约 1 mm，多少侧向压扁，柱头脐状凸出，黄绿色，4～5 浅裂，1 室，侧膜胎座 5，胚珠多数、2 列，绿色或透明，半倒生或近直立，卵形，珠被 2 层，珠柄弯曲；雌花序中不育中性花黄色，棒状，截头，长 3 mm，粗 1 mm。花期 7～9 月，果期 9～11月。

药用价值 | 味辛，性寒。散结消肿、祛风解毒、清热解毒。主乳痈、无名肿毒、荨麻疹、疔疮、口疮、烧烫伤。外用于各种疮毒。内服：块茎煎汤，15～30g。外用：适量，捣敷。

营养价值 | 含有丰富的维生素 A、维生素 B2、维生素 C、胡萝卜素、甲基花青素、绿原酸和钙、磷、铁等矿物质，以及一定的纤维素。

食用部位 | 块茎、叶柄、花序均可作野菜。

食用方法 | 蒸、煮、炒等。

鸟巢蕨

Asplenium nidus L.

别　　名 | 巢蕨、山苏花、王冠蕨

分　　布 | 分布于中国台湾、广东、广西、海南（五指山、尖峰岭）、云南（金平）等地。

采摘时间 | 夏秋季采收。

形态特征 | 植株高 80～100 cm。根状茎直立，粗短，木质，粗约 2 cm，深棕色，先端密被鳞片；鳞片阔披针形，长约 1 cm，先端渐尖，全缘，薄膜质，深棕色，稍有光泽。叶簇生；柄长 2～7 cm，粗约 7 mm，禾秆色或暗棕色，木质，干后下面为半圆形隆起，上面有阔纵沟，表面平滑不皱缩，两侧有狭翅，基部被阔披针形深棕色鳞片，向上光滑；叶片阔披针形，长 75～98 cm，先端渐尖，中部最宽处为 6.5～8.5 cm，向下逐渐变狭而长下延，叶边全缘并有软骨质的狭边，干后略反卷；主脉两面均隆起，上面下部有阔纵沟，表面平滑不皱缩，暗棕色，光滑；小脉两面均稍隆起，斜展，分叉或单一，平行，相距约 1 mm；叶革质，干后棕绿色或浅棕色，两面均无毛。孢子囊群线形，长 3～4 cm，生于小脉的上侧，自小脉基部以上外行达离叶边不远处，彼此以宽的间隔分开，叶片下部通常不育；囊群盖线形，浅棕色或灰棕色，厚膜质，全缘，宿存。

药用价值 | 鸟巢蕨味苦、温，入肾、肝二经。有强壮筋骨、活血祛瘀的作用，也可用于跌打损伤、骨折、血瘀、头痛、血淋、阳痿、淋病。

营养价值 | 鸟巢蕨含有丰富的维生素 A、钾、铁、钙、膳食纤维等。

食用部位 | 嫩芽。

食用方法 | 鸟巢蕨采摘后，用清水冲洗干净，放入开水中略微焯一下，捞出后沥干水，加入各种调味料凉拌。或同其他食材一同炒。

乌毛蕨 *Blechnum orientale* L.

别　名 | 东方乌毛蕨、龙船蕨、赤蕨头、贯众、管仲

分　布 | 分布于中国广东、广西、海南、台湾、福建及西藏（墨脱）、四川、重庆、云南、贵州、江西、浙江等地。

采摘时间 | 海南一年四季都可采收，其他地区是夏末秋初采收。

形态特征 | 植株高 0.5～2 m。根状茎直立，粗短，木质，黑褐色先端及叶柄下部密被鳞片；鳞片狭披针形，长约 1 cm，先端纤维状，全缘，中部深棕色或褐棕色，边缘棕色，有光泽。叶簇生于根状茎顶端；柄长 3～80 cm，粗 3～10 mm，坚硬，基部往往为黑褐色，向上为棕禾秆色或棕绿色，无毛；叶片卵状披针形，长达 1 m 左右，宽 20～60 cm，一回羽状；羽片多数，二形，互生，无柄，下部羽片不育，极度缩小为圆耳形，长仅数毫米，彼此远离，向上羽片突然伸长，疏离，能育，至中上部羽片最长，斜展，线形或线状披针形，长 10～30 cm，宽 5～18 mm，先端长渐尖或尾状渐尖，基部圆楔形，下侧往往与叶轴合生，全缘或呈微波状，干后反卷，上部羽片向上逐渐缩短，基部与叶轴合生并沿叶轴下延，顶生羽片与其下的侧生羽片同形，但长于其下的侧生羽片。

药用价值 | 具有去油腻、助消化等独特作用。能降气化痰、提神醒脑，常食可软化血管、降低胆固醇、预防心脏病。

营养价值 | 根茎含绿原酸，类脂 1.30%，甾醇类 0.10%。乌毛蕨菜营养丰富，富含蛋白质、氨基酸、矿物质，特别是维生素 C 的含量较高。经测定表明：100g 鲜蕨的维生素 C 含量高达 130mg，经焯 10 min 再浸 24 h 后（可食用），维生素 C 含量达 90mg。

食用部位 | 根状茎。

食用方法 | 每年 3～9 月，是乌毛蕨生长盛期，通常采回后用水煮熟，再用清水浸泡 1～2 天，期间换水 2～3 次后作菜用。该菜味微苦，嫩滑爽口，味道鲜美，炒食清香，有特殊风味。

滨木患

Arytera littoralis Blume

别　　名｜麦路（西双版纳傣语）、扁果树、偏果树、扁果木

分　　布｜在中国主要分布于云南、广西和广东三省区之南部。海南各地常见。

采摘时间｜热带地区一年四季都可采摘。

形态特征｜常绿小乔木或灌木。高 3～10 m，很少达 13 m。小枝圆柱状，有直纹，仅嫩部被短柔毛，皮孔多而密，黄白色。叶连柄长 15～35 cm；小叶 2 或 3 对，很少 4 对，近对生，薄革质，长圆状披针形至披针状卵形，长 8～18 cm，宽 2.5～7.5 cm，顶端骤尖，钝头，基部阔楔形至近圆钝，两面无毛或背面侧脉腋内的腺孔上被毛；侧脉 7～10 对，斜升，至近叶缘处弯拱上行，仅在背面凸起；小叶柄长不及 1 cm。花序常紧密多花，比叶短，很少长于叶，被锈色短绒毛；花芳香，梗长 1～2 mm；萼裂片长约 1 mm，被柔毛；花瓣 5，与萼近等长，鳞片被长柔毛；花盘浅裂；雄蕊通常 8，花丝长短不齐，3～4 mm；子房被紧贴柔毛。蒴果的发育果片椭圆形，长 1～1.5 cm，宽 7～9 mm，红色或橙黄色。种子枣红色，假种皮透明。花期夏初，果期秋季。

食用部位｜嫩芽。

食用方法｜嫩芽可作野菜食用。

倒地铃 *Cardiospermum halicacabum* L.

别　　名｜假苦瓜、风船葛、带藤苦楝、灯笼草

分　　布｜热带、亚热带低海拔地区的路旁、山边，甚至墙角皆能生长。

采摘时间｜夏秋季节采收。

形态特征｜草质攀援藤本，长 1 ~ 5 m。茎、枝绿色，有 5 或 6 棱和同数的直槽，棱上被皱曲柔毛。二回三出复叶，轮廓为三角形；叶柄长 3 ~ 4 cm；小叶近无柄，薄纸质，顶生的斜披针形或近菱形，长 3 ~ 8 cm，宽 1.5 ~ 2.5 cm，顶端渐尖，侧生的稍小，卵形或长椭圆形，边缘有疏锯齿或羽状分裂，腹面近无毛或有稀疏微柔毛，背面中脉和侧脉上被疏柔毛。圆锥花序少花，与叶近等长或稍长；总花梗直，长 4 ~ 8 cm，卷须螺旋状；萼片 4，被缘毛，外面 2 片圆卵形，长 8 ~ 10 mm，内面 2 片长椭圆形，比外面 2 片约长 1 倍；花瓣乳白色，倒卵形；雄蕊与花瓣近等长或稍长，花丝被疏而长的柔毛；子房倒卵形或有时近球形，被短柔毛。蒴果梨形、陀螺状倒三角形或有时近长球形，高 1.5 ~ 3 cm，宽 2 ~ 4 cm，褐色，被短柔毛。种子黑色，有光泽，直径约 5 mm；种脐心形，鲜时绿色，干时白色。花期夏秋，果期秋季至初冬。

药用价值｜有清热、利尿、凉血、去瘀、解毒之效。治肺炎、黄疸、糖尿病、淋病、疔疮、风湿、跌打损伤、蛇咬伤等。

营养价值｜含黄酮苷、葡萄糖苷、豆甾醇、谷甾醇等物质。

食用部位｜全草、果实。

食用方法｜果实生吃，全草煎服。

大花五桠果

Dillenia turbinata Finet et Gagnep.

别　　名 | 第伦桃、桠果木

分　　布 | 在中国主要分布于云南、广西、海南、广东等地。

采摘时间 | 适时采收可提高果实品质，促使上部继续结瓜和后续瓜的生长，这是早熟高产栽培的重要措施。当幼瓜茸毛基本脱落，皮色变淡时为适收期，一般第一批瓜的采收时间是开花后 15 ~ 20 天，旺果期为开花后 10 ~ 12 天，果实过老采收影响食用价值。

形态特征 | 常绿乔木。高 25 m，胸径宽约 1 m，树皮红褐色，平滑，大块薄片状脱落。嫩枝粗壮，有褐色柔毛，老枝秃净，有明显的叶柄痕迹。叶薄革质，矩圆形或倒卵状矩圆形，长 15 ~ 40 cm，宽 7 ~ 14 cm，先端近于圆形，有长约 1 cm 的短尖头，基部广楔形，不等侧，上下两面初时有柔毛，不久变秃净，仅在背脉上有毛；侧脉 25 ~ 56 对，干后在上下两面均凸起，脉间相隔 5 ~ 8 mm；第二支脉近于平行，与第一侧脉斜交，脉间相隔 2 mm，在下面与网脉均稍凸起，边缘有明显锯齿，齿尖锐利；叶柄长 5 ~ 7 cm，有狭窄的翅，基部稍扩大，多少被毛。花单生于枝顶叶腋内，直径 12 ~ 20 cm；花梗粗壮，被毛；萼片 5 枚，肥厚肉质，近于圆形，直径 3 ~ 6　cm，外侧有柔毛；花瓣白色，倒卵形，长 7 ~ 9 cm；雄蕊发育完全，外轮数目很多，内轮较少且比外轮长，无退化雄蕊，花药长于花丝，顶孔裂开。心皮 16 ~ 20 枚，花柱线形，顶端向外弯；胚珠每心皮多枚。果实圆球形，直径 10 ~ 15 cm，不裂开；宿存萼片肥厚，稍增大。种子压扁，边缘有毛。

药用价值 | 主要以内服为主，可起到清热解毒的作用，对热毒、风湿毒等有治疗效果；其次，五桠果还能用于治疗水肿、肿胀疾病，如内脏病变所引发的水肿现象，或是肠胃肿胀感；另外，五桠果入药，对痢疾、肛门病变、女性月经疾病等，都具有根治功效。

营养价值 | 每 100 g 瓜果中含能量 62.8 kJ，蛋白质 0.7 g、脂肪 0.1 g、碳水化合物 3.5 g、膳食纤维 0.8 g、维生素 A7 mg、维生素 C11 mg、胡萝卜素 40 mg、核黄素 0.01 mg、尼克酸 0.4 mg、钙 16 mg。

食用部位 | 果实、根、茎、叶。

食用方法 | 果实大小与苹果接近，能直接作为水果食用，口感稍平，无明显异味，也无明显甜味，淡雅清香；五桠果入药，连带的树皮煎煮，入药内服，有治疗疟疾的作用，或是在中草药配方中加入，能起到不同的药用效果；五桠果果实煲汤，食用口感清脆平淡，不仅能体现五桠果的营养价值，也能增加食用口感；直接采摘还未成熟的嫩果，将其在烈日下暴晒，后直接泡茶饮用，具有极强的保健价值，适合夏季饮用。

鸡蛋果 | *Passiflora edulis* Sims

别　名｜洋石榴、紫果西番莲、百香果、藤石榴

分　布｜分布于中国广东、海南、福建、云南、台湾等地。有时逸生于海拔 180～1900 m 的山谷丛林中。

采摘时间｜适时采收。果实变紫红或黄后采收，也可以等果实成熟自然脱落后，从地上拾新鲜落果。

形态特征｜草质藤本，长约 6 m。茎具细条纹，无毛。叶纸质，长 6～13 cm，宽 8～13 cm，基部楔形或心形，掌状 3 深裂，中间裂片卵形，两侧裂片卵状长圆形，裂片边缘有内弯腺尖细锯齿，近裂片弯曲的基部有 1～2 枚杯状小腺体，无毛。聚伞花序退化仅存 1 花，与卷须对生；花芳香，直径约 4 cm；花梗长 4～4.5 cm；苞片绿色，宽卵形或菱形，长 1～1.2 cm，边缘有不规则细锯齿；萼片 5 枚，外面绿色，内面绿白色，长 2.5～3 cm，外面顶端具 1 角状附属器；花瓣 5 枚，与萼片等长；外副花冠裂片 4～5 轮，外 2 轮裂片丝状，约与花瓣近等长，基部淡绿色，中部紫色，顶部白色，内 3 轮裂片窄三角形，长约 2 mm；内副花冠非褶状，顶端全缘或为不规则撕裂状，高 1～1.2 mm；花盘膜质，高约 4 mm；雌雄蕊柄长 1～1.2 cm；雄蕊 5 枚，花丝分离，基部合生，长 5～6 mm，扁平，花药长圆形，长 5～6 mm，淡黄绿色；子房倒卵球形，长约 8 mm，被短柔毛，花柱 3 枚，扁棒状，柱头肾形。浆果卵球形，直径 3～4 cm，无毛，熟时紫色。种子多数，卵形，长 5～6 mm。花期 6 月，果期 11 月。

药用价值｜能生津止渴、提神醒脑、润肠通便，可预防大肠癌；补肾健身、排毒养颜、解酒护肝、消除疲劳，有降血压、降血糖、降低胆固醇的功效；对口腔溃疡、牙周炎、咽喉炎有功效；对结肠炎、肠胃病有功效。

营养价值｜鸡蛋果含有 17 种氨基酸，丰富的蛋白质、脂肪、糖、维生素、钙、磷、铁、钾、SOD 酶和超纤维等 165 种对人体有益物质，更被称为水果中的维生素 C 之王，口感独特。

食用部位｜果实。

食用方法｜可直接鲜食、制成果汁、泡茶和作高汤提味等。

龙珠果

Passiflora foetida L.

别　　名｜假苦果、龙须果、龙眼果、龙珠草、肉果、天仙果、香花果

分　　布｜在中国主要分布于广西、广东、云南、海南、台湾等地。

采摘时间｜夏末秋初采收全株；秋、冬季挖取根部；4～5 月采收果实。

形态特征｜草质藤本。长数米，有臭味。茎具条纹并被平展柔毛。叶膜质，宽卵形至长圆状卵形，长 4.5～13 cm，宽 4～12 cm，先端 3 浅裂，基部心形，边缘呈不规则波状，通常具头状缘毛，上面被丝状伏毛，并混生少许腺毛，下面被毛且其上部有较多小腺体；叶脉羽状，侧脉 4～5 对，网脉横出；叶柄长 2～6 cm，密被平展柔毛和腺毛，不具腺体；托叶半抱茎，深裂，裂片顶端具腺毛。聚伞花序退化仅存 1 花，与卷须对生；花白色或淡紫色，具白斑，直径 2～3 cm；苞片 3 枚，一至三回羽状分裂，裂片丝状，顶端具腺毛；萼片 5 枚，长 1.5 cm，外面近顶端具一角状附属器；花瓣 5 枚，与萼片等长；外副花冠裂片 3～5 轮，丝状，外 2 轮裂片长 4～5 mm，内 3 轮裂片长约 2.5 mm；内副花冠非褶状，膜质，高 1～1.5 mm；具花盘，杯状，高约 1～2 mm；雌雄蕊柄长 5～7 mm；雄蕊 5 枚，花丝基部合生，扁平，花药长圆形，长约 4 mm；子房椭圆球形，长约 6 mm，具短柄，被稀疏腺毛或无毛，花柱 3～4 枚，长 5～6 mm，柱头头状。浆果卵圆球形，直径 2～3 cm，无毛。种子多数，椭圆形，长约 3 mm，草黄色。花期 7～8 月，果期翌年 4～5 月。

药用价值｜清热解毒、清肺止咳。主肺热咳嗽、小便混浊、痈疮肿毒、外伤性眼角膜炎、淋巴结炎。

营养价值｜龙珠果含有较高的营养价值，其叶子和树脂中含有黄酮类化合物，种子油里含有亚麻酸和亚油酸，可以给身体提供营养。

食用部位｜全株、根部和果实。

食用方法｜洗净、晒干煎水服或煲汤用。

量天尺 *Hylocereus undatus* (Haw.) Britt. et Rose

别　　名｜霸王鞭、霸王花、剑花、三角火旺、三棱柱、三棱箭

分　　布｜在中国主要分布于广东、广西、福建、海南等地区。

采摘时间｜一年四季都可采收。

形态特征｜攀援肉质灌木。长 3～15 m，具气根。分枝多数，延伸，具三角或棱，长 0.2～0.5 m，宽 3～8（～12）cm，棱常翅状，边缘波状或圆齿状，深绿色至淡蓝绿色，无毛，老枝边缘常胼胀状，淡褐色，骨质；小窠沿棱排列，相距 3～5 cm，直径约 2 mm，每小窠具 1～3 根开展的硬刺；刺锥形，长 2～5（～10）mm，灰褐色至黑色。花漏斗状，长 25～30 cm，直径 15～25 cm，于夜间开放；花托及花托筒密被淡绿色或黄绿色鳞片，鳞片卵状披针形至披针形，长 2～5 cm，宽 0.7～1 cm；萼状花被片黄绿色，线形至线状披针形，长 10～15 cm，宽 0.3～0.7 cm，先端渐尖，有短尖头，边缘全缘，通常反曲；瓣状花被片白色，长圆状倒披针形，长 12～15 cm，宽 4～5.5 cm，先端急尖，具一芒尖，边缘全缘或啮蚀状，开展；花丝黄白色，长 5～7.5 cm，花药长 4.5～5 mm，淡黄色；花柱黄白色，长 17.5～20 cm，直径 6～7.5 mm，柱头 20～24，线形，长 3～3.3 mm，先端长渐尖，开展，黄白色。浆果红色，长球形，长 7～12 cm，直径 5～10 cm，果脐小，果肉白色。种子倒卵形，长 2 mm，宽 1 mm，厚 0.8 mm，黑色，种脐小。花期 5～8 月，果期 8～10 月。

药用价值｜可治疗燥热咳嗽、咳血、颈淋巴结核。茎治腮腺炎、疝气、痈疮肿毒，对治疗脑动脉硬化、心血管疾病有明显疗效，还具有清热润肺、祛痰止咳、滋补养颜之功能，是极佳的清补汤料。

营养价值｜含有丰富的微量元素、蛋白质、维生素、多糖等。

食用部位｜肉质茎及花。

食用方法｜花亦称“霸王花”，可作野菜煲汤；鲜花干制品是蔬菜中的佳品，以做汤最佳；浆果可食，商品名“火龙果”。

仙人掌

Opuntia dillenii (KerGawl.) Haw.

别　　名丨仙巴掌、霸王树、火焰、火掌、牛舌头

分　　布丨在中国广东、广西南部和海南沿海地区逸为野生。

采摘时间丨一年四季都可采收。

形态特征丨丛生肉质灌木，高 1.5～3 m。上部分枝宽倒卵形、倒卵状椭圆形或近圆形，长 10～35（～40）cm，宽 7.5～20（25）cm，厚达 1.2～2 cm，先端圆形，边缘通常不规则波状，基部楔形或渐狭，绿色至蓝绿色，无毛；小窠疏生，直径 0.2～0.9 cm，明显凸出，成长后刺常增粗并增多，每小窠具 3～10（20）枚刺，密生倒刺刚毛和短绵毛；刺黄色，有淡褐色横纹，粗钻形，多少开展并内弯，基部扁，坚硬，长 1.2～4（6）cm，宽 1～1.5 mm；倒刺刚毛暗褐色，长 2～5 mm，直立，多少宿存；短绵毛灰色，短于倒刺刚毛，宿存。叶钻形，长 4～6 mm，绿色，早落。花辐状，直径 5～6.5 cm；花托倒卵形，长 3.3～3.5 cm，顶端截形并凹陷，基部渐狭，绿色，疏生凸出的小窠；小窠具短绵毛、倒刺刚毛和钻形刺；萼状花被片宽倒卵形至狭倒卵形，长 10～25 mm，宽 6～12 mm，先端急尖或圆形，具小尖头，黄色，具绿色中肋；瓣状花被片倒卵形或匙状倒卵形，长 25～30 mm，宽 12～23 mm，先端圆形、截形或微凹，边缘全缘或浅啮蚀状；花丝淡黄色，长 9～11 mm，花药为黄色；花柱长 11～18 mm，淡黄色。浆果倒卵球形，顶端凹陷，基部多少狭缩成柄状，长 4～6 cm，表面平滑无毛，紫红色，每侧具 5～10 枚凸起的小窠；小窠具短绵毛、倒刺刚毛和钻形刺。种子多数扁圆形，长 4～6 mm，宽 4～4.5 mm，厚约 2 mm，边缘稍不规则，无毛，淡黄褐色。花期 6～10（12）月。

药用价值丨苦、寒。行气活血，清热解毒。治心胃气痛、痞块、痢疾、痔血、咳嗽、喉痛、肺痈、乳痈、疔疮、汤火伤、蛇伤。具有降血糖、降血脂、降血压功效，不仅对人体有健胃补脾、清咽润肺、养颜护肤等诸多作用，还对肝癌、糖尿病、支气管炎等病症有明显治疗作用。

营养价值丨含有大量的维生素和矿物质，含有人体必需的 8 种氨基酸和多种微量元素，以及抱壁莲、角蒂仙、玉芙蓉等珍贵成分，是已知的含有维生素 B2 和可溶性纤维最高的野菜之一。在每 100g 可食仙人掌中，约含维生素 A220.0 μg、维生素 C16.0 mg、蛋白质 1.6 g、铁 2.7 mg，可以产生 104.6～125.6 kJ 的热量。果肉含有丰富的微量元素、蛋白质、氨基酸、维生素、多糖类、黄酮类和果胶等，每 100 g 中含热量 71.2 kJ，蛋白质 1.1 g、脂肪 0.1 g、碳水化合物 6.8 g、膳食纤维 3.8 g、维生素 B60.1 g、叶酸 2.5 μg。

食用部位丨茎叶。

食用方法丨仙人掌浆果酸甜可食，可做成辣炒仙人掌、蛋煎仙人掌和仙人掌沙拉等菜肴。人们将仙人掌洗净切碎后煮在汤中、或是架在炉上烤制、或是做成饼馅、或是直接将新鲜的仙人掌腌制，还有的用仙人掌来酿酒（龙舌兰酒）。

仙人柱 *Cereus Pruvianus* (L.) Mill.

别　　名 | 四角柱
分　　布 | 在中国热带和亚热带地区均有分布。
采摘时间 | 一年四季都可采收。
形态特征 | 株高 4 ~ 5 m，茎粗 9 ~ 10 cm，体色深绿色，具 4 ~ 5 个棱脊高耸的棱，有明显的横肋。深褐色针状周刺 5 ~ 6 枚，长 0.5 ~ 1 cm，中刺 1 枚，长 1.5 ~ 2 cm。夏天侧生白色长筒漏斗状花，花长 10 ~ 12 cm。
营养价值 | 含有果胶、多糖、维生素等营养物质。
食用部位 | 茎、花。
食用方法 | 清炒，煲汤。

刺 苋

Amaranthus spinosus L.

别　　名 野苋菜、勒苋菜、猪母刺、刺刺草

分　　布 在中国主要分布于陕西、河南、安徽、江苏、浙江、江西、湖南、湖北、四川、云南、贵州、广西、广东、福建、台湾等地。

采摘时间 海南一年四季都可采收，其他地区是夏季采收。

形态特征 一年生草本，高 30 ~ 100 cm。茎直立，圆柱形或钝棱形，多分枝，有纵条纹，绿色或带紫色，无毛或稍有柔毛。叶片菱状卵形或卵状披针形，长 3 ~ 12 cm，宽 1 ~ 5.5 cm，顶端圆钝，具微凸头，基部楔形，全缘，无毛或幼时沿叶脉稍有柔毛；叶柄长 1 ~ 8 cm，无毛，在其旁有 2 刺，刺长 5 ~ 10 mm。圆锥花序腋生及顶生，长 3 ~ 25 cm，下部顶生花穗常全部为雄花；苞片在腋生花簇及顶生花穗的基部者变成尖锐直刺，长 5 ~ 15 mm，在顶生花穗的上部者狭披针形，长 1.5 mm，顶端急尖，具凸尖，中脉绿色；小苞片狭披针形，长约 1.5 mm；花被片绿色，顶端急尖，具凸尖，边缘透明，中脉绿色或带紫色，在雄花者矩圆形，长 2 ~ 2.5 mm，在雌花者矩圆状匙形，长 1.5 mm；雄蕊花丝略和花被片等长或较短；柱头 3，有时 2。胞果矩圆形，长 1 ~ 1.2 mm，在中部以下不规则横裂，包裹在宿存花被片内。种子近球形，直径约 1 mm，黑色或带棕黑色。花果期 7 ~ 11 月。

药用价值 具有清热利湿、解毒消肿、凉血止血之功效。用于痢疾，肠炎，胃、十二指肠溃疡出血，痔疮便血；外用治毒蛇咬伤、皮肤湿疹、疖肿脓疡。

营养价值 每 100 g 嫩茎叶含蛋白质 5.5 g、脂肪 0.6 g、碳水化合物 8.0 g、钙 610.0 mg、磷 93.0 mg、胡萝卜素 7.2 mg、维生素 B 20.3 mg、维生素 C 153.0 mg。

食用部位 茎、叶。

食用方法 春天采摘嫩芽，除炒菜吃、捞水凉拌外，经常用来与鸡蛋做汤，口感较好，营养价值更高。

反枝苋 | *Amaranthus retroflexus* L.

别　　名 | 野苋菜、苋菜、西风谷

分　　布 | 产于中国黑龙江、吉林、辽宁、内蒙古、河北、山东、山西、河南、陕西、甘肃、宁夏、新疆。

采摘时间 | 采集时间在春夏。

形态特征 | 一年生草本。高 20 ~ 80 cm，有时逾 1 m。茎直立，粗壮，单一或分枝，淡绿色，有时带紫色条纹，稍具钝棱，密生短柔毛。叶片菱状卵形或椭圆状卵形，长 5 ~ 12 cm，宽 2 ~ 5 cm，顶端锐尖或尖凹，有小凸尖，基部楔形，全缘或波状缘，两面及边缘有柔毛，下面毛较密；叶柄长 1.5 ~ 5.5 cm，淡绿色，有时淡紫色，有柔毛。圆锥花序顶生及腋生，直立，直径 2 ~ 4 cm，由多数穗状花序形成，顶生花穗较侧生者长；苞片及小苞片钻形，长 4 ~ 6 mm，白色，背面有 1 龙骨状凸起，伸出顶端成白色尖芒；花被片矩圆形或矩圆状倒卵形，长 2 ~ 2.5 mm，薄膜质，白色，有 1 淡绿色细中脉，顶端急尖或尖凹，具凸尖；雄蕊比花被片稍长；柱头 3，有时 2。胞果扁卵形，长约 1.5 mm，环状横裂，薄膜质，淡绿色，包裹在宿存花被片内。种子近球形，直径 1 mm，棕色或黑色，边缘钝。花期 7 ~ 8 月，果期 8 ~ 9 月。

药用价值 | 全草药用。性凉，味甘，具有清热明目、通利二便、收敛消肿、解毒治痢、抗炎止血等功效。可治疗尿血、内痔出血、扁桃腺炎、急性肠炎等症。

营养价值 | 含有丰富的铁、钙、胡萝卜素和维生素 C，对青少年的生长发育和成人的身体健康都有帮助。反枝苋中没有草酸，丰富的钙质很容易被人体吸收，而丰富的铁可以合成细胞中的血红蛋白，有造血和携带氧气的作用，被誉为“补血菜”。苋菜中含有多种氨基酸，尤其富含赖氨酸。

食用部位 | 嫩茎叶。

食用方法 | 嫩茎叶可作野菜，采摘后用清水洗干净，然后放入开水中略微焯一下，捞出后可凉拌、炒菜。也可作家畜饲料。

青　葙

Celosia argentea L.

别　　名 | 百日红、狗尾草

分　　布 | 生长于中国山东、江苏、安徽、浙江、福建、台湾、江西、湖北、湖南、广东、海南、广西、贵州、云南、四川、甘肃、陕西及河南。生于平原、田边、丘陵、山坡。

采摘时间 | 海南一年四季都可采收，其他地区是夏季采收。

形态特征 | 一年生草本。高 0.3～1 m，全体无毛。茎直立，有分枝，绿色或红色，具显明条纹。叶片矩圆披针形、披针形或披针状条形，少数卵状矩圆形，长 5～8 cm，宽 1～3 cm，绿色常带红色，顶端急尖或渐尖，具小芒尖，基部渐狭；叶柄长 2～15 mm，或无叶柄。花多数，密生，在茎端或枝端成单一、无分枝的塔状或圆柱状穗状花序，长 3～10 cm；苞片及小苞片披针形，长 3～4 mm，白色，光亮，顶端渐尖，延长成细芒，具 1 中脉，在背部隆起；花被片矩圆状披针形，长 6～10 mm，初为白色顶端带红色，或全部粉红色，后成白色，顶端渐尖，具 1 中脉，在背面凸起；花丝长 5～6 mm，分离部分长 2.5～3 mm，花药紫色；子房有短柄，花柱紫色，长 3～5 mm。胞果卵形，长 3～3.5 mm，包裹在宿存花被片内。种子呈扁圆形，少数呈圆肾形，直径 1～1.8mm，表面黑色或红黑色，光亮，中间微隆起，侧边微凹处有种脐，表面于放大镜下观察可见网状纹理，种子易粘手，种皮薄而脆，气无，味淡；以粒饱满、色黑、光亮者为佳。花期 5～8 月，果期 6～10 月。

药用价值 | 种子治目赤肿痛、障翳、高血压、鼻衄、皮肤风热瘙痒、疥癞，可祛风热、清肝火、疗唇口青，主恶疮疥瘙，治下部虫露疮，坚筋骨，祛风寒湿痹；花序可清肝凉血、明目退翳，治吐血、头风、目赤、血淋、月经不调、带下；茎叶及根可燥湿清热、止血、杀虫，治风热身痒、疮疥、痔疮、外伤出血、目赤肿痛、角膜炎、角膜云翳、眩晕、皮肤风热瘙痒。

营养价值 | 种子含脂肪油约 15.0%，淀粉 30.8%，烟酸及丰富的硝酸钾。

食用部位 | 嫩苗叶及花序。

食用方法 | 用沸水烫过后加入调料凉拌或炒食，其种子也可以代替芝麻制作糕点。菜谱如青葙花灵芝炖瘦肉、青葙花田鸡、青葙花炖豆腐、青葙花猪肉汤、青葙子鱼片汤等。

尾穗苋 | *Amaranthus caudatus* L.

别　　名 | 老枪谷、仙人谷

分　　布 | 中国各地栽培，有时逸为野生。原产于热带，全世界各地栽培。

采摘时间 | 夏秋季采收。

形态特征 | 一年生草本，高达 15 m。茎直立，粗壮，具钝棱角，单一或稍分枝，绿色，或常带粉红色，幼时有短柔毛，后渐脱落。叶片菱状卵形或菱状披针形，长 4 ~ 15 cm，宽 2 ~ 8 cm，顶端短渐尖或圆钝，具凸尖，基部宽楔形，稍不对称，全缘或波状缘，绿色或红色，除在叶脉上稍有柔毛外，两面无毛；叶柄长 1 ~ 15 cm，绿色或粉红色，疏生柔毛。圆锥花序顶生，下垂，有多数分枝，中央分枝特长，由多数穗状花序形成，顶端钝，花密集成雌花和雄花混生的花簇；苞片及小苞片披针形，长 3 mm，红色，透明，顶端尾尖，边缘有疏齿，背面有 1 中脉；花被片长 2 ~ 2.5 mm，红色，透明，顶端具凸尖，边缘互压，有 1 中脉，雄花的花被片矩圆形，雌花的花被片矩圆状披针形；雄蕊稍超出；柱头 3，长不及 1 mm。胞果近球形，直径 3 mm，上半部红色，超出花被片。种子近球形，直径 1 mm，淡棕黄色，有厚的环。花期 7 ~ 8 月，果期 9 ~ 10 月。

药用价值 | 甘、淡，平。可滋补强壮。用于头昏、四肢无力、小儿疳积。

营养价值 | 其蛋白质、脂肪含量高，同时含有氨基酸、维生素等。

食用部位 | 全株。

苋

Amaranthus tricolor L.

别　　名｜雁来红、老少年、老来少、三色苋

分　　布｜中国各地均可生长。

采摘时间｜海南一年四季都可采收，其他地区是夏季采收。

形态特征｜一年生草本，高 80～150 cm。茎粗壮，绿色或红色，常分枝，幼时有毛或无毛。叶片卵形、菱状卵形或披针形，长 4～10 cm，宽 2～7 cm，绿色或常成红色、紫色或黄色，或部分绿色夹杂其他颜色，顶端圆钝或尖凹，具凸尖，基部楔形，全缘或波状缘，无毛；叶柄长 2～6 cm，绿色或红色。花簇腋生，直到下部叶，或同时具顶生花簇，成下垂的穗状花序；花簇球形，直径 5～15 mm，雄花和雌花混生；苞片及小苞片卵状披针形，长 2.5～3 mm，透明，顶端有 1 个长芒尖，背面具一绿色或红色隆起中脉；花被片矩圆形，长 3～4 mm，绿色或黄绿色，顶端有 1 个长芒尖，背面具一绿色或紫色隆起中脉；雄蕊比花被片长或短。胞果卵状矩圆形，长 2～2.5 mm，环状横裂，包裹在宿存花被片内。种子近圆形或倒卵形，直径约 1 mm，黑色或黑棕色，边缘钝。花期 5～8 月，果期 7～9 月。

药用价值｜具有清热解毒、通利二便之功效。主痢疾、蛇虫蛰伤、疮毒等。

营养价值｜茎中含有不饱和脂肪酸亚油酸及棕榈酸；叶中有苋菜红苷、棕榈酸、亚麻酸、二十四烷酸、花生酸和丰富的维生素 C，每 100 g 嫩叶含维生素 C 0.99～1.21 mg，每 100 g 较老叶含维生素 C 1.19～1.78 mg。

食用部位｜全株。

食用方法｜常用烹调方法包括炒、炝、拌、做汤、下面和制馅，但是烹调时间不宜过长。在炒苋菜时可能会出很多水，所以在炒制过程中可以不用加水。如果想蒜香扑鼻，就要在出锅前再放入蒜末，这样香味最为浓厚。

银花苋 *Gomphrena celosioides* Mart.

别　　名｜鸡冠千日红、假千日红、野生千日红、伏生千日红、野生圆子花

分　　布｜原产于美洲热带，现分布世界各热带地区。中国广东、海南岛、西沙群岛、台湾亦有。生于路旁草地。

采摘时间｜全年均可采。

形态特征｜单个植株直立或披散草本，高约 35 cm，茎被贴生白色长柔毛。单叶对生；叶柄短或无；叶片长椭圆形至近匙形。从生植株叶片长椭圆形至近钥形，长 3～5cm，宽 1～1.5m，叶片先端急尖或钝，基部渐狭，背面密被或疏生柔毛。头状花序顶生，银白色，初呈球状，后呈长圆形，长约 2m 以上；无总花梗；苞片宽三角形，小苞片白色；脊棱极狭；萼片外面被白色长柔毛，花后外侧 2 片脆革质，内侧薄革质；雄蕊管先端 5 裂，具缺口；花柱极短，柱头 2 裂。胞果梨形，果皮薄膜质。花果期 2～6 月。

药用价值｜清热利湿、凉血止血。治湿热、腹痛、痢疾、出血症、便血、痔血。

营养价值｜含有氨基酸，维生素 C、E 及多种微量元素等。

食用部位｜全草。

食用方法｜煎汤。

Ipomoea aquatica Forsk. | 蕹 菜

别　　名 | 空心菜、通菜蓊、蓊菜、藤藤菜、通菜

分　　布 | 分布遍及热带亚洲、非洲和大洋洲。

采摘时间 | 南方一年四季都可采收。

形态特征 | 一年生草本，蔓生或漂浮于水。茎圆柱形，有节，节间中空，节上生根，无毛。叶片形状、大小有变化，卵形、长卵形、长卵状披针形或披针形，长 3.5～17 cm，宽 0.9～8.5 cm，顶端锐尖或渐尖，具小短尖头，基部心形、戟形或箭形，偶尔截形，全缘或波状，或有时基部有少数粗齿，两面近无毛或偶有稀疏柔毛；叶柄长 3～14 cm，无毛。聚伞花序腋生；花序梗长 1.5～9 cm，基部被柔毛，向上无毛，具 1～3（～5）朵花；苞片小鳞片状，长 1.5～2 mm；花梗长 1.5～5 cm，无毛；萼片近于等长，卵形，长 7～8 mm，顶端钝，具小短尖头，外面无毛；花冠白色、淡红色或紫红色，漏斗状，长 3.5～5 cm；雄蕊不等长，花丝基部被毛；子房圆锥状，无毛。蒴果卵球形至球形，直径约 1 cm，无毛。种子密被短柔毛或有时无毛。花果期 6～8月。

药用价值 | 凉血止血、清热利湿。主鼻衄、便秘、淋浊、便血、尿血、痔疮、痈肿、折伤、蛇虫咬伤。对金黄色葡萄球菌、链球菌等有抑制作用，可预防感染。

营养价值 | 空心菜是碱性食物，并含有钾、氯等调节水液平衡的元素，食后可降低肠道的酸度，预防肠道内的菌群失调，对防癌有益。所含的烟酸、维生素 C 等能降低胆固醇、甘油三酯，具有降脂减肥的功效。空心菜中的叶绿素有“绿色精灵”之称，可洁齿防龋除口臭，健美皮肤。空心菜的粗纤维素的含量较丰富，这种食用纤维由纤维素、半纤维素、木质素、胶浆及果胶等组成，具有促进肠蠕动、通便解毒作用。嫩梢中的蛋白质含量比同等量的西红柿高 4 倍，钙含量比西红柿高 12 倍多，并含有较多的胡萝卜素。

食用部位 | 全株。

食用方法 | 清炒、煎服。

天使花 *Angelonia salicariifolia* Humb.

别　　名 | 水仙女、蓝天使、柳叶香彩雀

分　　布 | 原产于南美洲，我国引种栽培。

采摘时间 | 一年四季都可采收。

形态特征 | 多年生草本。株高 30～70cm，全株密被细毛。枝条稍有黏性，茎杆直径 0.3～0.6cm。叶片、枝干上有油腺，具有类似牙膏粉的味道。叶片为狭长形，对生，叶缘呈浅缺刻，有明显的叶脉。花为腋生；唇形花瓣；花梗细长；花萼长 3 cm，5 裂达基部，裂片披针形，渐尖；花冠蓝紫色、白色或蓝紫白色；花期长，全年开花，以春、夏、秋季最为盛开。

营养价值 | 含儿茶素、花青素、微量元素等。

食用部位 | 花。

食用方法 | 天使花也可以为茶饮，一般是用来增加茶汤的色泽。

野甘草

Scoparia dulcis L.

别　　名｜香仪、珠子草、假甘草、土甘草、假枸杞、四进茶、冰糖草、通花草、节节珠、米啐黄、竖枝珠仔草、万粒珠、叶上珠

分　　布｜分布于中国福建、广东、广西、云南等地。生于荒地、路旁，偶见于山坡。

采摘时间｜全年均可采，鲜用或晒干。

形态特征｜草本或亚灌木状。高可达 1m，根粗壮。茎多分枝，枝有棱角及狭翅，无毛。叶对生或轮生；近无柄；叶片鞭状卵形至鞭状披针形，长 5～35 mm，宽者达 15 mm，枝上部较小而多，顶端钝，基部长渐狭，全缘或前半部有齿，两面无毛。花单生或成对生于叶腋；花梗细，长 5～10 mm；无小苞片；萼分生，齿 4，卵状长圆形，长约 2 mm，先端钝，具睫毛；花冠小，白色，喉部生有密毛；花瓣 4，上方 1 枚稍大，钝头，缘有细齿；雄蕊 4，近等长，花药箭形；花柱挺直，柱头截形，或凹入。蒴果卵圆形至球形，直径 2～3 mm，室间、室背均开裂，中轴胎座宿存。花期 5～7 月。

药用价值｜疏风止咳、清热利湿。主治感冒发热、肺热咳嗽、咽喉肿痛、肠炎、痢疾、小便不利、脚气水肿、湿疹、痱子。

营养价值｜全株含无羁萜，β－粘霉烯醇，α－香树脂醇，白桦脂酸，依弗酸，野甘草种酸，野甘草属酸A、B、C，野甘草属醇，野甘草种醇，苯并恶唑啉酮，“5,7－二羟基－3,4’,6,8－四甲氧基黄酮”，“5,7,8,3’、4’、5’、－六羟基黄酮－7－O－β－D－葡萄糖糖醛酸苷，木犀草素，蒙花苷，牡荆素，异牡荆素，高山黄芩苷，高山黄芩苷甲脂，木犀草素－7－葡萄糖苷，刺槐素，对－香豆酸。

食用部位｜全株。

食用方法｜鲜用或晒干煎汤。

大苞水竹叶 *Murdannia bracteata* (C. B. Clarke) J. K. Morton ex D. Y. Hong

别　　名 | 猫爪草、痰火草、青竹壳菜、围夹草、癌草

分　　布 | 分布于中国广东、海南、广西和云南南部。

采摘时间 | 夏秋季采收。

形态特征 | 匍匐草本。根须状而纤细，直径不及 1 mm。茎及叶鞘一侧或全部被柔毛。植株有成丛的基生叶，线形或阔线形，长 10 ~ 24 cm，宽 1 ~ 1.5 cm；茎生叶线形或长圆状披针形，长 3 ~ 8 cm，宽 8 ~ 12 mm，两面无毛或背被短柔毛；叶鞘短而开放、被毛。聚伞花序常 1 ~ 2 个，稀 3 至多个，密集于花序分枝顶端成头状或近头状，直径约 1 cm；花梗较粗壮，长 2.5 ~ 5 cm；总苞片披针形，长 1.2 ~ 2.5 cm，宽 6 ~ 8 mm；花梗粗短；苞片大而宿存，膜质，圆形，长 5 ~ 6 mm，作紧密的覆瓦状排列；萼片长圆形，长约 4 mm；花瓣小，天蓝色或紫色；发育雄蕊 2 枚，退化雄蕊 2 ~ 4 枚，花丝被毛或发育花丝被微毛；子房长圆形，无毛，长约 2 mm，花柱与子房几等长。蒴果长圆形，有三棱，每室有种子 2 颗。种子具皱纹。花期 5 月，果期 8 ~ 11 月。

药用价值 | 治肺痨咳嗽、痔疮、瘰疬、痈肿等症。

营养价值 | 含有蛋白质、脂肪、碳水化合物、维生素、矿物质等营养成分。

食用部位 | 全草。

食用方法 | 鲜用或晒干煎汤。

吊竹梅

Tradescantia zebrina Heynh. ex Bosse

别　　名 吊竹兰、斑叶鸭跖草、花叶竹夹菜、红莲

分　　布 原产于墨西哥。分布于中国福建、浙江、广东、海南、广西等地。

采摘时间 全年均可采收。

形态特征 多年生草本，长约1 m。茎稍柔弱，半肉质，分枝，披散或悬垂。叶互生，无柄；叶片椭圆形、椭圆状卵形至长圆形，先端急尖至渐尖或稍钝，基部鞘状抱茎；叶鞘被疏长毛，腹面紫绿色而杂以银白色，中部和边缘有紫色条纹，背面紫色，通常无毛，全缘。花聚生于1对不等大的顶生叶状苞内；花萼连合成1管，3裂，苍白色；花瓣裂片3，玫瑰紫色；雄蕊6枚，着生于花冠管的喉部；子房3室，花柱丝状，柱头头状，3圆裂。果为蒴果。花期6~8月。

药用价值 有凉血止血、清热解毒、利尿的功效，可用于急性结膜炎、咽喉肿痛、白带、毒蛇咬伤等的治疗。

营养价值 全草分离到 β-谷甾醇、3β,5α,6β-三羟基豆甾烷、琥珀酸，叶含4种乙酰花色苷、吊竹梅素和单去咖啡酰基吊竹梅素等。

食用部位 全草。

食用方法 鲜用或晒干煎汤。

饭包草 *Commelina bengalensis* L.

别　　名 | 火柴头、竹叶菜、卵叶鸭跖草、圆叶鸭跖草

分　　布 | 产于中国山东、河北、河南、陕西、四川、云南、广西、海南、广东、湖南、湖北、江西（遂川、上犹、黎川）、安徽、江苏、浙江、福建和台湾。亚洲和非洲的热带、亚热带广布。生长于海拔 350～2300 m 的地区，多生长在湿地。

采摘时间 | 夏秋采收。

形态特征 | 多年生披散草本。茎大部分匍匐，节上生根，上部及分枝上部上升，长可达 70 cm，被疏柔毛。叶有明显的叶柄；叶片卵形，长 3～7 cm，宽 1.5～3.5 cm，顶端钝或急尖，近无毛；叶鞘口沿有疏而长的睫毛。总苞片漏斗状，与叶对生，常数枚集于枝顶，下部边缘合生，长 8～12 mm，被疏毛，顶端短急尖或钝，柄极短；花序下面一枝具细长梗，具 1～3 朵不孕的花，伸出佛焰苞，上面一枝有花数朵，结实，不伸出佛焰苞；萼片膜质，披针形，长 2 mm，无毛；花瓣蓝色，圆形，长 3～5 mm，内面 2 枚具长爪。蒴果椭圆状，长 4～6 mm，3 室，腹面 2 室，每室具两颗种子，开裂，后面一室仅有 1 颗种子，或无种子，不裂。种子长近 2 mm，多皱并有不规则网纹，黑色。花果期 8～10 月。

药用价值 | 有清热解毒、消肿利尿之效。主治小便短赤涩痛、赤痢、疔疮。

营养价值 | 含正十八醇、正三十醇、谷甾醇、菜油甾醇、飞燕草次苷等成分。

食用部位 | 全株。

食用方法 | 煎服。

竹节菜

Commelina diffusa Burm. f.

别　　名｜翠蝴蝶、竹鸡草、竹叶菜、碧蝉花、竹节草、水竹子、露草、帽子花、竹叶兰

分　　布｜产于中国广东、广西、云南、台湾，也分布于亚洲和大洋洲的热带地区。生于海拔 500～1000 m 的向阳贫瘠的山坡草地或荒野中。

采摘时间｜春夏采集。

形态特征｜一年生草本，具根茎和匍匐茎。秆的基部常膝曲，直立部分高 20～50 cm。叶鞘无毛或仅鞘口疏生柔毛，多聚集跨覆状生于匍匐茎和秆的基部，秆生者稀疏且短于节间；叶舌短小，长约 0.5 mm；叶片披针形，长 3～5 cm，宽 4～6 mm，基部圆形，先端钝，两面无毛或基部疏生柔毛，边缘具小刺毛而粗糙，秆生叶短小。圆锥花序直立，长圆形，紫褐色，长 5～9 cm；分枝细弱，直立或斜升，长 1.5～3 cm，通常数枝呈轮生状着生于主轴的各节上；无柄小穗圆筒状披针形，中部以上渐狭，先端钝，长约 4 mm，具一尖锐而下延、长 4～6 mm 的基盘，初时与穗轴顶端愈合，基盘顶端被锈色柔毛；颖革质，约与小穗等长；第一颖披针形，具 7 脉，上部具 2 脊，其上具小刺毛，下部背面圆形，无毛；第二颖舟形，背面及脊的上部具小刺毛，先端渐尖至具一劲直的小刺芒，边缘膜质，具纤毛；第一外稃稍短于颖；第二外稃等长而较窄于第一外稃，先端全缘，具长 4～7 mm 的直芒；内稃缺如或微小；鳞被膜质，顶端截形；花药长约 0.8 mm；有柄小穗长约 6 mm，具长 2～3 mm 无毛之柄；颖纸质，具 3 脉；花药长约 2.5 mm。花果期 6～10 月。

药用价值｜有清热解毒、利尿消肿、止血功效。用于急性咽喉炎、痢疾、疮疖、小便不利；外用治外伤出血。

营养价值｜富含蛋白质、维生素 C 和多种微量元素。

食用部位｜全草。

食用方法｜春夏季节采摘嫩茎叶，开水焯后浸泡，炒食或做汤，也可制成干菜。

紫背万年青 *Tradescantia spathacea* Swartz

别　　名｜紫锦兰、紫萴、紫兰、红面将军、血见愁、蚌花、蚌壳花

分　　布｜原产于墨西哥和西印度群岛，现广泛栽培。

形态特征｜多年生常绿草本。茎、叶稍多汁。叶披针形，正面绿色，缀有深浅不同的条斑，背面紫红色，亦有紫红深浅不一的条斑，叶莲座状，密生于茎顶，剑状，重叠，表面青绿光亮，背面深紫，长 15 ~ 25 cm，宽 3 ~ 4 cm。花腋生，呈密集伞形花序，花被 6 片，白色，生于两片河蚌状的紫色大苞片内；红苞片中含着许多玉白色小花，色彩对比明显。易结籽。花期 8 ~ 10 月。

药用价值｜甘、淡，凉，可清热化痰、凉血止痢。用于肺燥咳嗽、咯血、百日咳、淋巴结结核、痢疾、便血。

营养价值｜含有万年青苷、各种糖苷、脂肪酸、谷甾醇等。

食用部位｜全草。

食用方法｜广东人叫孢子莲，喜欢用来煲汤清肺热。

鸭舌草

Monochoria vaginalis (N. L. Burman) C. Presl ex Kunth

别　　名｜蘼草、蘼荣、接水葱、鸭儿嘴、鸭仔菜、香头草、猪耳菜、肥猪草

分　　布｜中国大部分地区均有分布。

采摘时间｜夏秋采收。

形态特征｜水生草本。根状茎极短，具柔软须根。茎直立或斜上，高 12～35 cm，全株光滑无毛。叶基生或茎生，叶片形状和大小变化较大，由心状宽卵形、长卵形至披针形，长 2～7 cm，宽 0.8～5 cm，顶端短凸尖或渐尖，基部圆形或浅心形，全缘，具弧状脉；叶柄长 10～20 cm，基部扩大成开裂的鞘；鞘长 2～4 cm，顶端有舌状体，长 0.7～1 cm。总状花序从叶柄中部抽出，该处叶柄扩大成鞘状；花序梗短，长 1～1.5 cm，基部有 1 披针形苞片；花序在花期直立，果期下弯；花通常 3～5 朵（稀有 10 余朵），或有 1～3 朵，蓝色；花被片卵状披针形或长圆形，长 1～1.5 cm；花梗长到 1 cm；雄蕊 6 枚，其中 1 枚较大，花药长圆形，其余 5 枚较小，花丝丝状；子房 3 室，花柱细。蒴果卵形至长圆形，长约 1 cm。种子多数，椭圆形，长约 1 mm，灰褐色，具 8～12 纵条纹。花期 8～9 月，果期 9～10 月。

药用价值｜鸭舌草性味苦凉，具有清热解毒的功效。可治痢疾、肠炎、急性扁桃体炎、丹毒、疔疮等。

营养价值｜鸭舌草鲜品每 100 g 含水分 97.0 g、蛋白质 0.6 g、脂肪 0.1 g、纤维素 0.6 g、钙 40.0 mg、磷 80.0 mg，还含有多种维生素。

食用部位｜全株。

食用方法｜将鸭舌草洗净晒干，每日取 15～24 g（鲜品 30～60 g），冲入开水，加盖闷泡 10 min，代茶饮用。也可在炖猪肘肉时加入去油脂、提鲜味。

红 葱 *Eleutherine plicata* Herb.

别　　名 | 红葱头、小红葱

分　　布 | 分布于中国广西、云南。

采摘时间 | 一年四季成熟期。

形态特征 | 多年生草本。鳞茎卵圆形，直径约 2.5 cm，鳞片肥厚，紫红色，无膜质包被。根柔嫩，黄褐色。叶宽披针形或宽条形，长 25 ~ 40 cm，宽 1.2 ~ 2 cm，基部楔形，顶端渐尖；4 ~ 5 条纵脉平行而凸出，使叶表面呈现明显的皱褶。花茎高 30 ~ 42 cm，上部有 3 ~ 5 个分枝，分枝处生有叶状的苞片；苞片长 8 ~ 12 cm，宽 5 ~ 7 mm；伞形花序状的聚伞花序生于花茎的顶端；花下苞片 2，卵圆形，膜质；花白色，无明显的花被管；花被片 6，2 轮排列，内、外花被片近于等大，倒披针形；雄蕊 3，花药“丁”字形着生，花丝着生于花被片的基部；花柱顶端 3 裂，子房长椭圆形，3 室。花期 6 月。

药用价值 | 清热解毒、散瘀消肿、止血。治风湿性关节痛：鲜全草水煎外洗；治跌打肿痛、疮毒：鲜鳞茎捣烂外敷；治吐血、咯血、痢疾、闭经腹痛：鲜全草 0.5 ~ 1 两，水煎服。

食用部位 | 全草、鳞茎。

食用方法 | 可入菜做配料。

九里香

Murraya exotica L.

别　　名｜石辣椒、九秋香、九树香、七里香、千里香、万里香、过山香、黄金桂、山黄皮、千只眼、月橘

分　　布｜中国云南、贵州、湖南、广东、广西、福建、海南、台湾等地，亚洲其他一些热带及亚热带地区也有分布。

采摘时间｜一年四季都可采收。

形态特征｜小乔木，高可达 8 m。枝白灰或淡黄灰色，但当年生枝绿色。叶有小叶 3～7 片，小叶倒卵形或倒卵状椭圆形，两侧常不对称，长 1～6 cm，宽 0.5～3 cm，顶端圆或钝，有时微凹，基部短尖，一侧略偏斜，边全缘，平展；小叶柄甚短。花序通常顶生，或顶生兼腋生，花多朵聚成伞状，为短缩的圆锥状聚伞花序；花白色，芳香；萼片卵形，长约 1.5 mm；花瓣 5 片，长椭圆形，长 10～15 mm，盛花时反折；雄蕊 10 枚，长短不等，比花瓣略短，花丝白色，花药背部有细油点 2 枚；花柱稍较子房纤细，与子房之间无明显界限，均为淡绿色，柱头黄色，粗大。果橙黄至朱红色，阔卵形或椭圆形，顶部短尖，略歪斜，有时圆球形，长 8～12 mm，横径 6～10 mm，果肉有黏液。种子有短的棉质毛。花期 4～8 月，也有秋后开花，果期 9～12 月。

药用价值｜行气活血、散瘀止痛、解毒消肿。主胃脘疼痛、跌扑肿痛、疮痈、蛇虫咬伤、风湿骨痛、牙痛、破伤风、流行性乙型脑炎等，还可用于局部麻醉。

营养价值｜九里香叶含多种香豆素、黄酮，又含半胱氨酸、丙氨酸、脯氨酸、酪氨酸、亮氨酸等游离氨基酸，以及挥发油等。

食用部位｜花、叶、果。

食用方法｜水煎。

慈　姑 *Sagittaria trifolia* L.

别　　名｜藉姑、槎牙、茨菰、白地栗

分　　布｜原产于中国，分布于长江流域及其以南各省，太湖沿岸及珠江三角洲为主产区，北方有少量栽培。亚洲、欧洲、非洲的温带和热带均有分布。常生在水田里。

采摘时间｜海南一年四季都可采收，其他地区是夏季采收。

形态特征｜多年生直立水生草本。有纤匐枝，枝端膨大成球茎。叶具长柄，长 20～40 cm；叶形变化极大，通常为戟形，宽大，连基部裂片长 5～40 cm，宽 0.4～13 cm，先端圆钝，基部裂片短，与叶片等长或较长，多少向两侧开展。花莛同圆锥花序长 20～60 cm；花 3～5 朵为 1 轮，单性，下部 3～4 轮为雌花，具短梗，上部多轮为雄花，具细长花梗；苞片披针形；外轮花被片 3，萼片状，卵形，先端钝；内轮花被片 3，花瓣状，白色，基部常有紫斑；雄蕊多枚；心皮多数，密集成球形。瘦果斜倒卵形，直径 4～5mm，背腹两面有翅。种子褐色，具小凸起。花期 7～10 月，果期 8～11 月。

药用价值｜具有解毒利尿、防癌抗癌、散热消结、强心润肺、活血凉血、止咳通淋、散结解毒之功效。可治疗肿块疮疖、心悸心慌、水肿、肺热咳嗽、喘促气憋、排尿不利等病症。

营养价值｜慈姑营养价值极高，味甘、微苦、微辛，性微寒，含蛋白质、粗纤维、维生素 E、维生素 C、钾、磷等营养成份。在 100 g 鲜菜中，含碳水化合物 18.5 g、蛋白质 4.6 g、脂肪 0.2 g、粗纤维 1.4 g、钾 707.0 mg、磷 157.0 mg、镁 24.0 mg、钙 14.0 mg、维生素 C 4.0 mg、维生素 E 2.2 mg、烟酸 1.6 mg。

食用部位｜全株。

食用方法｜以鲜用为佳。有慈姑红烧肉、慈姑饼、油余慈姑片等。

肖竹芋

Calathea ornata (Lindl.) Koern

别　　名丨大叶兰花蕉

分　　布丨原产于巴西，分布在南美洲至中美洲热带地区。中国海南、台湾有分布。生长于热带雨林。

采摘时间丨一年四季都可采摘。

形态特征丨多年生草本。植株健壮，直立，高可达 3 m。叶 1～4 片，叶片椭圆形，长 30～90 cm，顶端急尖，基部多少心形，成长叶叶面亮绿色，叶背紫红色，幼叶具美丽的玫瑰红或粉红色条纹，后变白，至成长叶颜色消失；叶柄随植株长大而伸长增粗，最长可达 1.2 m；叶枕圆柱形，无毛或被小柔毛；叶鞘占全长之 1/3～1/2。穗状花序卵形，长 7.5～8 cm，宽 5 cm；苞片排列紧密；总花梗长 35 cm；萼片长圆形，长 2.2 cm，膜质；花冠管与萼等长，白色、紫堇色，裂片长圆形；外轮退化雄蕊小，硬革质的退化雄蕊 2 瓣裂，黄色。蒴果开裂为 3 瓣，果瓣与中轴脱离。种子 3 颗，三角形，背凸起，有 2 裂的假种子。花果期 6～8 月。

药用价值丨具有清肺热、利尿等作用。

营养价值丨根茎中含有淀粉。

食用部位丨地下根茎或块茎。

食用方法丨根茎中含有淀粉，可食用。

大尾摇 *Heliotropium indicum* L.

别　　名｜鱿鱼草、斑草、猫尾草、象鼻癀、象鼻草、墨鱼须草、大狗尾、象鼻花、天芥菜、狗尾虫、四角苏、勾头蛇、臭柠檬

分　　布｜分布于中国福建、台湾、广东、海南、广西、云南等地。

采摘时间｜秋季采收，鲜用或晒干。

形态特征｜一年生草本，高15～60cm。根圆柱形，干时黄褐色。茎直立，粗壮，多分枝，被糙伏毛。叶互生，稀近对生；叶柄长2～5cm；叶片卵形或椭圆形，长4～10cm，宽2～4cm，先端短尖或渐尖，基部圆形或截形，下延至叶柄，边缘稍有锯齿或略呈波状，两面疏生短糙毛。蝎尾状聚伞花序，长5～20 cm，细长弯曲，单一，不分枝，顶生或与叶对生，无苞片；花小，密集，呈2列排列于花序轴的一侧；花萼5深裂，裂片披针形，被糙伏毛；花冠浅蓝色或蓝紫色，稀白色，高脚碟状，长3～5mm，先端5浅裂，裂片近圆形，扩展，喉部光滑，无附属物；雄蕊5，内藏，着生于花冠筒基部；子房小，花柱与柱头极短，柱头阔圆锥体形，先端平截。核果卵形，长4～5mm，有纵肋，2深裂，每裂瓣分成2枚各具单颗种子的分核。花期4～7月，果期8～10月。

药用价值｜全草或根入药。具有清热解毒、利尿之功效。常用于肺炎、脓胸、咽痛、口腔糜烂、膀胱结石、痈肿。

营养价值｜含生物碱：大尾摇碱、乙酰大尾摇碱、大尾摇宁碱、N-氧化大尾摇碱、刺凌德草碱、仰卧天芥菜碱、欧天芥菜碱、天芥菜碱、毛果天芥菜碱、N-氧化毛果天芥菜碱。种子油三酰甘油及氰类脂中均含C16、C18脂肪酸。

食用部位｜全株。

食用方法｜鲜用或晒干煎服。

Areca catechu L. | 槟　榔

别　　名 | 槟榔子、大腹子、宾门、橄榄子、青仔

分　　布 | 原产于马来西亚。在中国主要分布于云南、海南及台湾等热带地区。海拔 300 m 以下的山地、边角地、低湿地均可种植。

采摘时间 | 海南一年四季都可采收，其他地区是夏季采收。

形态特征 | 多年生常绿乔木。茎直立，乔木状，高逾 10 m，最高可达 30 m，有明显的环状叶痕。叶簇生于茎顶，长 1.3～2 m；羽片多数，两面无毛，狭长披针形，长 30～60 cm，宽 2.5～4 cm，上部的羽片合生，顶端有不规则齿裂。雌雄同株，花序多分枝；花序轴粗壮压扁，分枝曲折，长 25～30 cm，上部纤细，着生 1 列或 2 列的雄花，而雌花单生于分枝的基部；雄花小，无梗，通常单生，很少成对着生，萼片卵形，长不到 1 mm，花瓣长圆形，长 4～6 mm，雄蕊 6 枚，花丝短，退化雌蕊 3 枚，线形；雌花较大，萼片卵形，花瓣近圆形，长 1.2～1.5 cm，退化雄蕊 6 枚，合生，子房长圆形。果实长圆形或卵球形，长 3～5 cm，橙黄色；中果皮厚，纤维质。种子卵形，基部截平；胚乳嚼烂状；胚基生。花果期 3～4 月。

药用价值 | 医学认为，槟榔具有杀虫、破积、降气行滞、行水化湿的功效，曾被用来治疗绦虫、钩虫、蛔虫、绕虫、姜片虫等寄生虫感染。

营养价值 | 槟榔营养价值极高，味苦、辛，性温，含蛋白质、粗纤维、维生素 B 族、胡萝卜素、矿物质等营养成份。在 100 g 鲜菜中，含水分 25.74 g、蛋白质 29.86 g、脂肪 2.26 g、粗纤维 29.86 g、总糖 4.69 g、β－胡萝卜素 74.20 mg、维生素 C 135.10 mg、维生素 B2 398.40 mg、维生素 B1 199.00 mg、维生素 B3 49.00 mg、磷 8.79 g、钙 13.18 g、钾 4.52 g、镁 4.45 g 等。

食用部位 | 果实、花苞。

食用方法 | 果实作为咀嚼食品，花苞煲汤。

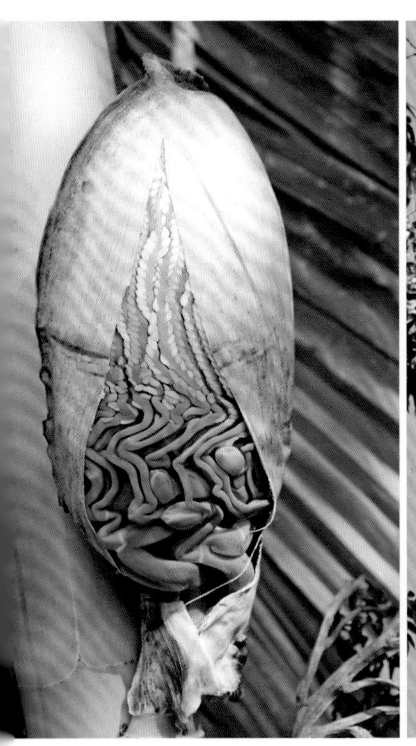

短穗鱼尾葵 *Caryota mitis* Lour.

别　　名｜酒椰子、丛生鱼尾葵

分　　布｜在中国主要分布于海南、广西等地区。生于山谷林中或植于庭园。

采摘时间｜海南一年四季都可采收，其他地区是夏季采收。

形态特征｜丛生、小乔木状。高5～8 m，直径8～15 cm；茎绿色，表面被微白色的毡状绒毛。叶长3～4 m，下部羽片小于上部羽片；羽片呈楔形或斜楔形，外缘笔直，内缘1/2以上弧曲成不规则的齿缺，且延伸成尾尖或短尖，淡绿色，幼叶较薄，老叶近革质；叶柄被褐黑色的毡状绒毛；叶鞘边缘具网状的棕黑色纤维。佛焰苞与花序被糠秕状鳞秕，花序短，长25～40 cm，具密集穗状的分枝花序；雄花萼片宽倒卵形，长约2.5 mm，宽4 mm，顶端全缘，具睫毛，花瓣狭长圆形，长约11 mm，宽2.5 mm，淡绿色，雄蕊15～25枚，几无花丝；雌花萼片宽倒卵形，长约为花瓣的1/3，顶端钝圆，花瓣卵状三角形，长3～4 mm，退化雄蕊3枚，长约为花瓣的1/3(～1/2)。果球形，直径1.2～1.5 cm，成熟时紫红色，具1颗种子。花果期4～11月。

药用价值｜茎髓的粗制淀粉主治小儿腹泻、消化不良、腹痛、赤白痢。髓部泡制淀粉，用于痢疾、泄泻，小儿泄泻尤宜。

营养价值｜短穗鱼尾葵营养价值高，富含蛋白质、淀粉和氨基酸。

食用部位｜茎、花。

食用方法｜茎的髓心含淀粉，可供食用；花序液汁含糖分，供制糖或酿酒。

桄榔

Arenga pinnata (Wurmb.) Merr.

别　　名 | 莎木、砂糖椰子、糖树、糖棕

分　　布 | 在中国主要分布于海南、广西及云南西部至东南部。中南半岛及东南亚一带亦产。在灌木林中生长良好，多散生于石山沟谷及山坡和土山中下部。

采摘时间 | 海南一年四季都可采收，其他地区是夏季采收。

形态特征 | 常绿小乔木或灌木。茎较粗壮，高 5 ~ 10 m，直径 15 ~ 30 cm，有疏离的环状叶痕。叶簇生于茎顶，长 5 ~ 6 m 或更长，羽状全裂，羽片呈 2 列排列，线形或线状披针形，长 80 ~ 150 cm，宽 2.5 ~ 6.5 cm 或更宽，基部两侧常有不均等的耳垂，顶端呈不整齐的啮蚀状齿或 2 裂，上面绿色，背面苍白色；叶鞘具黑色强壮的网状纤维和针刺状纤维。花序腋生，长 90 ~ 150 cm，从上部往下部抽生几个花序，当最下部的花序的果实成熟时，植株即死亡；花序梗粗壮，下弯，分枝多，长达 1.5 m；佛焰苞多个，螺旋状排列于花序梗上；雄花大，长 1.5 ~ 2 cm，花萼、花瓣各 3 枚，雄蕊多达 100 枚以上；雌花花萼及花瓣各 3 枚，花后膨大。果实近球形，直径 4 ~ 5 cm，具三棱，顶端凹陷，灰褐色（未熟果实干后呈黑色）。种子 3 颗，黑色，卵状三棱形；悬胚乳均匀；胚背生。花果期 6 ~ 9 月。

药用价值 | 有去湿热和滋补之功效，对小儿疳积、发热、痢疾、咽喉炎症等有辅助治疗的作用。

营养价值 | 桄榔营养价值高，味苦、性平，含蛋白质、粗纤维、矿物质等营养成份。在 100 g 鲜菜中，含水分 12.35 g、蛋白质 4.68 g、脂肪 0.43 g、粗纤维 5.43 g、总糖 63.32 g、锌 22.05 mg、钙 16.03 mg、铁 14.02 mg、镁 13.02 mg 等。

食用部位 | 花、嫩茎。

食用方法 | 花序的汁液可制糖、酿酒；树干髓心含淀粉，可供食用；幼嫩的种子胚乳可用糖煮成蜜饯；幼嫩的茎尖可作野菜食用。

黄 藤 *Daemonorops jenkinsiana* (Griffith) Martius

别　　名丨红藤

分　　布丨在中国主要分布于香港、海南、广东东南部及广西西南部。在海南岛热带地区常生于海拔 1000 m 以下，在华南地区常生于海拔 300 m 以下的平原、丘陵山地。

采摘时间丨海南一年四季都可采收，其他地区是夏季采收。以鲜用为佳。

形态特征丨多年生藤本。茎初时直立，后攀援。叶羽状全裂，羽片部分长 1～2.5 m，顶端延伸为具爪状刺的纤鞭；叶轴下部的上面密生直刺，叶轴背面沿中央具单生的向上部为 2～5 枚合生的刺而在顶端的纤鞭则具半轮生的爪；叶柄背面凸起，具稀疏的刺，上面具密集的常常是合生的短直刺；叶鞘具囊状凸起，被早落的红褐色的鳞秕状物和许多细长、扁平、成轮状排列的长约 2.5 cm 的刺，大刺之间着生许多较小的针状刺；羽片多，等距排列，稍密集，两面绿色，线状剑形，先端极渐尖为钻状和具刚毛状的尖，长 30～45 cm，宽 1.3～1.8 cm，具 3～5 条肋脉，上面具刚毛，背面仅中肋具稀疏刚毛，边缘具细密的纤毛。雌雄异株。花果期 5～10 月。

药用价值丨清热解毒、利湿。主急性扁桃体炎、咽喉炎、上呼吸道感染、结膜炎、黄疸、胃肠炎、痢疾、小儿消化不良、饮食中毒、输卵管炎、急性盆腔炎、阴道炎、疮疖、烧烫伤、急性与慢性子宫内膜炎。

营养价值丨黄藤营养价值极高，味苦，性寒，含蛋白质、粗纤维、维生素 B 族、胡萝卜素、矿物质等营养成份。在 100 g 鲜菜中，含水分 25.74 g、蛋白质 29.86 g、脂肪 2.26 g、粗纤维 29.86 g、总糖 4.69 g、β－胡萝卜素 74.2 mg、维生素 C 135.1 mg、维生素 B2 398.4mg、维生素 B1 199 mg、维生素 B3 49 mg、磷 8.79 g、钙 13.18 g、钾 4.52 g、镁 4.45 g 等。

食用部位丨全株。

食用方法丨煎服。以鲜用为佳。

蒲　葵

Livistona chinensis (Jacq.) R. Br.

别　　名 扇叶葵、葵树、华南蒲葵

分　　布 产于中国南部，多分布在广东省南部，尤以江门市新会区种植为多。中南半岛亦有分布。喜温暖湿润的气候条件，不耐旱。

采摘时间 海南一年四季都可采收，其他地区是夏季采收。

形态特征 多年生常绿乔木。高 5～20 m，直径 20～30 cm，基部常膨大。叶阔肾状扇形，直径逾 1 m，掌状深裂至中部，裂片线状披针形，基部宽 4～4.5 cm，顶部长渐尖，2 深裂成长达 50 cm 的丝状下垂的小裂片，两面绿色；叶柄长 1～2 m，下部两侧有黄绿色（新鲜时）或淡褐色（干后）下弯的短刺。花序呈圆锥状，粗壮，长约 1 m；总梗上有 6～7 个佛焰苞，约 6 个分枝花序，长达 35 cm，每分枝花序基部有 1 个佛焰苞，分枝花序具 2 次或 3 次分枝，小花枝长 10～20 cm；花小，两性，长约 2 mm；花萼裂至近基部成 3 枚宽三角形近急尖的裂片，裂片有宽的干膜质的边缘；花冠约 2 倍长于花萼，裂至中部成 3 枚半卵形急尖的裂片；雄蕊 6 枚，其基部合生成杯状并贴生于花冠基部，花丝稍粗，宽三角形，突变成短钻状的尖头，花药阔椭圆形；子房的心皮上面有深雕纹，花柱突变成钻状。果实椭圆形（如橄榄状），长 1.8～2.2 cm，直径 1～1.2 cm，黑褐色。种子椭圆形，长 1.5 cm，直径 0.9 cm；胚约位于种脊对面的中部稍偏下。花果期 4 月。

药用价值 具有败毒抗癌、消淤止血之功效。民间常用其治疗白血病、鼻咽癌、绒毛膜癌、食道癌。

营养价值 蒲葵营养价值高，味甘、涩，性平。含酚类、还原糖、鞣质及甘油三酯等。

食用部位 果实。

食用方法 果实作为咀嚼食品。

椰　子 | *Cocos nucifera* L.

别　　名 | 可可椰子

分　　布 | 原产于亚洲东南部、印度尼西亚至太平洋群岛。中国广东南部诸岛及雷州半岛、海南、台湾及云南南部热带地区均有栽培。

采摘时间 | 一年四季都可采摘。

形态特征 | 植株高大，乔木状，高 15～30 m。茎粗壮，有环状叶痕，基部增粗，常有簇生小根。叶羽状全裂，长 3～4 m；裂片多数，外向折叠，革质，线状披针形，长 65～100 cm 或更长，宽 3～4 cm，顶端渐尖；叶柄粗壮，长达 1 m 以上。花序腋生，长 1.5～2 m，多分枝；佛焰苞纺锤形，厚木质，最下部的长 60～100 cm 或更长，老时脱落；雄花萼片 3 枚，鳞片状，长 3～4 mm，花瓣 3 枚，卵状长圆形，长 1～1.5 cm，雄蕊 6 枚，花丝长 1 mm，花药长 3 mm；雌花基部有小苞片数枚，雌花萼片阔圆形，宽约 2.5 cm，花瓣与萼片相似，但较小。果卵球状或近球形，顶端微具三棱，长 15～25 cm，外果皮薄，中果皮厚纤维质，内果皮木质坚硬，基部有 3 孔，其中的 1 孔与胚相对，萌发时即由此孔穿出，其余 2 孔坚实，果腔含有胚乳（即“果肉”或种仁）、胚和汁液（椰子水）。花果期主要在秋季。

药用价值 | 椰子性味甘、平，入胃、脾、大肠经。果肉具有补虚强壮、益气祛风、消疳杀虫的功效，久食能令人面部润泽、益人气力及耐受饥饿，治小儿涤虫、姜片虫病；椰水具有滋补、清暑解渴的功效，主治暑热类渴、津液不足之口渴；椰子壳油可治癣，疗杨梅疮。

营养价值 | 椰汁及椰肉含大量蛋白质、果糖、葡萄糖、蔗糖、脂肪、维生素 B1、维生素 E、维生素 C、钾、钙、镁等。椰肉色白如玉，芳香滑脆，椰汁清凉甘甜，是老少皆宜的美味佳果。在每 100 g 椰子中，能量达到了 900 多 kJ，蛋白质 4 g、脂肪 12 g、膳食纤维 4 g，另外还有多种微量元素，碳水化合物的含量也很丰富。

食用部位 | 椰肉。

食用方法 | 椰肉可榨油、生食、作菜，也可制成椰奶、椰蓉、椰丝、椰子酱罐头和椰子糖、饼干；椰子水可作清凉饮料；椰纤维可制毛刷、地毯、缆绳等。

鱼尾葵

Caryota maxima Blume ex Martius

别　　名 | 假桄榔、青棕、钝叶、假桃榔

分　　布 | 在中国主要分布于福建、广东、海南、广西、云南等地区。常生于海拔 450 ~ 700 m 的山坡或沟谷林中。

采摘时间 | 海南一年四季都可采收，其他地区是夏季采收。以鲜用为佳。

形态特征 | 多年生常绿乔木。高 10 ~ 20 m，直径 15 ~ 35 cm，茎绿色，被白色的毡状绒毛，具环状叶痕。叶长 3 ~ 4 m，幼叶近革质，老叶厚革质；羽片长 15 ~ 60 cm，宽 3 ~ 10 cm，互生，罕见顶部的近对生，最上部的一羽片大，楔形，先端 2 ~ 3 裂，侧边的羽片小，菱形，外缘笔直，内缘上半部或 1/4 以上弧曲成不规则的齿缺，且延伸成短尖或尾尖。佛焰苞与花序无糠秕状的鳞秕；花序长 3 ~ 5 m，具多数穗状的分枝花序，长 1.5 ~ 2.5 m；雄花花萼与花瓣不被脱落性的毡状绒毛，萼片宽圆形，长约 5 mm，宽 6 mm，盖萼片小于被盖的侧萼片，表面具疣状凸起，边缘不具半圆齿，无毛，花瓣椭圆形，长约 2 cm，宽 8 mm，黄色，雄蕊 50 ~ 111 枚，花药线形，长约 9 mm，黄色，花丝近白色；雌花花萼长约 3 mm，宽 5 mm，顶端全缘，花瓣长约 5 mm；退化雄蕊 3 枚，钻状，为花冠长的 1/3；子房近卵状三棱形，柱头 2 裂。果实球形，成熟时红色，直径 1.5 ~ 2 cm。种子 1 颗，罕为 2 颗；胚乳嚼烂状。花果期 5 ~ 11 月。

药用价值 | 根和茎治感冒、发热、咳嗽、肺结核、胸痛、小便不利等。

营养价值 | 鱼尾葵营养价值高，味微甘、涩，性平，含蛋白质、粗纤维、维生素 B 族、胡萝卜素、矿物质等营养成份。在 100 g 鲜菜中，含水分 32.55 g、蛋白质 0.31 g、脂肪 3.01 g、粗纤维 8.93 g、总糖 50.78 g、β－胡萝卜素 1.9 mg、维生素 C 279.0 mg、维生素 B2 372.1 mg、维生素 B1 211 mg、维生素 B3 234 mg、钙 25.62 mg、钾 20.13 mg、镁 13.40 mg、磷 0.41 mg、铁 1.31 mg、锰 1.33 mg、锌 0.11 mg 等。

食用部位 | 嫩心。

食用方法 | 以鲜用为佳，可做鱼尾葵糕点、煲汤。

参考文献

REFERENCE

[1] 岳桂华，王以忠，于爱华 .500 种野菜野外识别速查图鉴 [M]. 北京：化学工业出版社，2016.

[2] 车晋滇 . 二百种野菜鉴别与食用手册 [M]. 北京：化学工业出版社，2016.

[3] 任传军 . 野菜 (202 种野菜彩色图谱识别应用) [M]. 北京：化学工业出版社，2015.

[4] 刘全儒 . 中国野菜图鉴 [M]. 太原：山西科学技术出版社，2015.

[5] 朱橚原著 . 周自恒编著 . 中国的野菜——319 种中国野菜图鉴 [M]. 海南：南海出版社，2008.

[6] 军事科学院 . 中国野菜图谱 [M]. 北京：解放军出版社，1989.

中文名称索引

中文名称索引

中文名称索引

拉丁学名索引

拉丁学名索引

E

F

G

H

I

J

K

L

M

O

P